黄鳝
生态养殖

· 修订版 ·

★主编／王冬武　邹　利　刘　丽

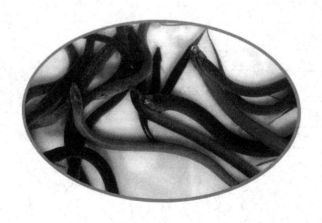

湖南科学技术出版社

前　言

　　黄鳝是我国传统的名优水产品，也是国内外市场上价格趋势较好的淡水鱼类。发展黄鳝生态养殖是调整农业产业结构、农村致富、农民增收的需要。据统计，2017 年，我国黄鳝养殖产量近 35.8 万吨，综合产值达 150 亿元。黄鳝产业已成为长江流域地区农村经济的新增长点，更是农民增收致富的重要途径之一。"家家户户养鳝、鳝富家家户户"已成为长江中下游地区一道亮丽的风景线。

　　目前，黄鳝养殖产业存在的主要问题有：一是苗种问题。黄鳝人工繁殖技术还没有完全攻克，养殖所用苗种均来自于野生苗种，使得引种费用过高，苗种供应越来越紧张，同时引种过程中死亡率高。一些不法商贩利用这一情况大量行骗，使农民上当受骗的不少。二是疾病问题。养殖过程中发现黄鳝疾病有近 30 种，且有 4~5 种病常发生，死亡率高，对鳝病专门进行研究的还较少，还有很多问题需要攻关解决。三是无公害养殖技术规范化问题。在养殖过程中应严禁使用违禁药物，如红霉素、呋喃唑酮等。四是池塘网箱养殖黄鳝池塘利用率低。养殖时间仅为每年的 7~10 月，有 7~8 个月时间养殖池塘是空闲的。五是进口黄鳝冲击市场。随着黄鳝价格上涨，国内黄鳝价格已明显高于周边国家如印度尼西亚、菲律宾、越南、缅甸、孟加拉国等国价格，使进口商品黄鳝有利可图，一些商家为追求利润，大量从这些国家进口黄鳝，一定程度上冲击了国内黄鳝市场。

随着黄鳝产业的快速发展，黄鳝产量迅速增加，市场价格稳定趋势明显，已呈现供求大体平衡之态。生态、安全、品牌将成为黄鳝产业发展的主要目标。有鉴于此，笔者结合近年来的黄鳝养殖现状和取得的技术进步，总结多年来黄鳝养殖的经验和价格变动规律，并吸收了同行在养鳝过程中取得的成功经验和失败教训，编撰了此书。

本书以黄鳝生态安全养殖技术为主线，围绕黄鳝养殖、加工及消费利用产业链全过程，重点突出"怎么养"与"如何销"，系统介绍了黄鳝养殖的现状、生物学习性、养殖场地的选择、池塘网箱生态养殖技术、生态预防与病害防治技术措施、加工与食疗方法、销售模式与风险分析、养殖行业标准等，并附大量的养殖实例、行家心得及市场信息，内容科学系统，语言通俗易懂，技术指导性和实用性强，既可作为养殖专业户和广大农民在生产上的技术指导用书，也可作为基层养殖技术人员的自学用书。

本书在编写过程中得到了许多同仁的关心和支持，在书中引用了一些专家、学者的研究成果、养鳝能手的经验心得和相关书刊资料，在此一并表示诚挚的感谢。由于时间仓促，加之编者自身水平有限，疏漏和不妥之处在所难免，恳请广大读者批评指正。

编　者

2019 年 2 月

目录

第一章 黄鳝的养殖现状与产业前景

第一节 黄鳝的养殖现状

黄鳝是我国分布较为广泛的淡水名优鱼类，它的营养价值、保健功能、药用效果已被世界诸多国家认同，韩国有"冬吃一只参、夏食一条鳝"、日本和我国都有"伏天黄鳝胜人参"的说法，美国、欧共体国家以及韩国、日本都是进口黄鳝的大国。发展黄鳝生产，在利用资源、繁荣市场、富裕群众和换取外汇等方面具有较大的作用。

一、研究概况

多年来，很多科研机构和科技工作者投身到黄鳝的基础研究之中，在黄鳝的年龄与生长、繁殖习性、食性与营养、性逆转、胚胎发育等方面取得了一系列成果，为黄鳝养殖业的健康发展奠定了基础。如陈慧的"黄鳝的年龄鉴定和生长"、杨明生的"黄鳝年龄鉴定方法和种群年龄结构的初步研究"、杨代勤等的"黄鳝生长特殊性的初步研究"、徐宏发等的"黄鳝的生殖习性和人工繁殖"、曹克驹等的"黄鳝个体生殖力与第一批产卵量的研究"、陈卫星等的"黄鳝分批产卵模式的研究"、杨代勤等的"黄鳝产卵类型及繁殖力的研究"、张世萍等的"黄鳝摄食蚊幼虫的研究"、杨代勤等的"几种氨基酸及香味物质对黄鳝诱食活性的初步研究"、李瑾等的"不同饵料对幼鳝消化系统内淀粉酶活性的影响"、杨代勤等的"黄鳝的营养素需要量及饲料最适能量蛋白比"、刘修业等的"黄鳝性逆转时生殖腺的组织学与超微结构变化"、肖亚梅等的"黄鳝由间性发育转变为雄性发育的细胞生物学研究"、毕庶万等的"黄鳝生物学和增养殖技术"、宋平等的"黄鳝性逆转与性腺蛋白关系的研究"、邹记兴的"黄鳝性逆转与血清蛋白关系"、范家佑等的"黄鳝性逆转与血清蛋白关系的探讨"、滕道明的"环境因子对黄鳝性逆转的影响"、杨代勤等的"黄鳝的胚胎发育及鱼苗培育"。这里不一一赘述。

二、养殖概况

根据徐兴川等人的研究，可将黄鳝养殖历史分为三个时期：

（一）捕捞自然产量时期（20世纪80年代以前）

捕捞自然黄鳝一直持续到20世纪70年代末，这是因为我国南方的黄鳝自然资源较为丰富。这一时期有五个特点：①自然黄鳝资源较为丰富；②国内食用黄鳝不普及；③20世纪50年代末开始出口换汇；④出口由国家设在各地的外贸部门统一收购，统一外销；⑤对黄鳝的研究较为落后，除刘健康等对黄鳝的生殖习性作了一些研究外，其余几乎为空白状态。

（二）人工养殖基础时期（20世纪80～90年代中期）

那时国家刚刚实行改革开放，农民利用刚分到的责任田建池养鳝，同时，改革开放后中国黄鳝出口量急剧上升，客观上也刺激了人工养鳝的发展。这期间可分为前、中、后三期。前期为试养期，中期为停滞总结期，后期为恢复期。在前期，一部分农户养鳝获得一定的效益后吸引周围农户仿效开展，特别是长江中下游地区，在整个 80 年代初期形成养殖黄鳝的小高潮。由于黄鳝具有较多的与常规养殖鱼类（鲤科鱼类）不同的习性，技术研究滞后，技术储备不足，如对于鳝病问题就束手无策，这样就导致绝大部分养殖户亏损，尤其是养殖规模较大的业主。其结果是长江中下游的养鳝出现了大溃退，一个刚刚形成的养殖黄鳝小高潮就这样跌入低谷。80 年代中后期为黄鳝停滞总结期，此时，长江中下游及天津地区的科研教学单位对黄鳝的应用技术开展研究，在总结前段养鳝的失败教训基础上，从养殖设施、放种及管理技术、特殊习性的处理、防病治病等方面做了大量的工作。一些农户也在实践中找问题，找出路。这个时期的总结和技术的积累为其后的养鳝恢复发展奠定了良好的基础。

这个时期的主要特点有四个方面：一是群众养鳝积极性较高，并从多方面探索黄鳝规律；二是生产的发展促进了科研的投入，较多的科研单位和科技人员开始涉足养鳝的理论与实践的研究，从而产生一些有价值的科研成果，为生产的发展奠定良好的基础；三是出口量呈上升趋势，并开始出现与外资合办加工企业；四是活黄鳝的市场价格不断上升，说明市场上的黄鳝求大于供。

（三）人工养殖发展时期（20 世纪 90 年代中期至今）

这一时期的特点是：①养鳝业发展迅猛。由于前一时期奠定的良好基础，本期黄鳝养殖发展速度较快，其中发展较快的有湖北、湖南、江苏和浙江等省份，湖北、湖南的养殖规模和效益大致相同。②国内外市场仍为卖方市场。尽管迅猛发展的养鳝业为市场提供了大量的产品，然而由于国内外市场需求量也在快速发展，仍然存在供不应求的问题，具体表现在黄鳝市场价格居高不下。1998 年国内主要城市的黄鳝售价情况是，北京 60～80 元/千克，上海 80～100元/千克，武汉 30～40 元/千克，广州 40～60 元/千克。这期间夏秋

季的价格比冬季特别是春节前后要低 10～20 元/千克。③养殖形式
出现多样化。这期间养殖的形式已由原来水泥池为主的小作坊式的
零星养殖发展到网箱养殖、规模养殖、室内养殖等多种形式，集约
化养殖程度明显提高。④黄鳝的研究更加深入。由于前一时期科研
工作打下的良好基础，本时期无论是在黄鳝的基础理论研究方面，
还是应用技术方面的研究均有较大发展。

三、主要问题

1. 苗种问题。目前黄鳝人工繁殖技术还没有完全攻克，养殖所
用苗种均来自于野生苗种，使得引种费用过高，苗种供应越来越紧
张，同时引种过程中死亡率高，有时甚至达到近 100％的死亡。不法
商贩利用这一情况大肆行骗，农民上当受骗的不少。

2. 疾病问题。黄鳝的死亡原因归根结底是鳝病，目前养殖过程
中发现黄鳝疾病有近 30 种，且有 4～5 种病常发生，死亡率高，目
前对鳝病专门进行研究的还较少，还有很多问题需要攻关解决。如
出血病、昏迷病（上草病）、打转病等。

3. 无公害养殖技术规范化问题。在养殖过程中应严禁使用违禁
药物，如红霉素、呋喃唑酮、激素等。

4. 池塘网箱养殖黄鳝池塘利用率低。目前养殖方式仅为每年的
7～10 月，有 7～8 个月时间养殖池塘是空闲的。

5. 进口黄鳝冲击市场。随着黄鳝价格上涨，国内黄鳝价格已明
显高于周边国家如印度尼西亚、菲律宾、越南、缅甸、孟加拉国等
国的价格，使进口商品黄鳝有利可图，一些商家为追求利润，大量
从这些国家进口黄鳝，据不完全统计，2012 年上海市场每月进口黄
鳝 50～100 吨，一定程度上冲击了国内黄鳝市场。

【行家评点】

黄鳝养殖的八大误区

黄鳝有广阔的销售市场，然而众多养殖者却因缺少信息技术盲目养殖而导致失败。主要表现在如下8个方面：

一是乱购苗种。目前，我国黄鳝人工繁殖技术尚未达到大批量生产供给商品养殖的程度，许多养殖户到湖北武汉等地购买的所谓"特大黄鳝"苗种和其他所谓的"优质"苗种，实为从市场上购买的野生鳝苗，且这些苗种因商贩长时间、高密度储存及反复转运，多数已患上发烧病，用于养殖时死亡率可达90%～100%。所以，购买苗种时切记要仔细辨别。

二是把参考书当法宝。目前，国内的养鳝技巧书籍固然不少，但其内容基本上都是照搬通常的养鱼技巧或是一些空洞的理论，真正适用的技巧太少。初涉养鳝者最好先到养鳝大户处现场参观学习。

三是大小混养。同一池（网箱）中大小黄鳝混养，小鳝不敢争食而体质逐步瘦弱甚至死亡。饵料不足时会发生黄鳝互相残食。因此，大小黄鳝混养时，虽大鳝长速快，但整体产量过低。

四是池水过深。若黄鳝频繁游至水面呼吸，影响正常生长，多是池水太深造成的。池养黄鳝水深宜在20～30厘米，而网箱养黄鳝水草应尽量充斥全部网箱，以便为黄鳝供给良好的栖息和呼吸条件。

五是滥施粪肥。施粪肥极易败坏水质，诱发黄鳝疾病。

六是忽视培养水草。水草能净化水质并为黄鳝供给优质的隐藏场合。没有水草的池塘养殖黄鳝很难成功。

七是偏"素"缺"荤"。有的养殖者利用麦麸、菜饼、豆渣、米饭、青菜等植物性饵料喂黄鳝，黄鳝严重饥饿，缺饵时也会少量吞食，但其营养满足不了黄鳝生命活动的需要，更谈不上生长增重，黄鳝会逐步瘦弱和发病死亡。黄鳝属肉食性鱼类，应投喂动物性饲料或全价配合饲料。

八是频繁换料。常有养殖者因饵料无保障，经常改换饵料品种投喂。黄鳝吃饵料有一定的固定性，突然改变饵料品种，黄鳝会拒食，影响正常生长。如确实需要改换饵料，应逐步减少原饵料的比例，同时增加新换饵料的比例来调整。

（信息来源：山东农业信息网）

【养鳝心语】

给养殖黄鳝的人一些鼓励的话

1. 黄鳝养殖今天很残酷，明天更残酷，后天很美好，但绝大多数死在明天晚上，见不到后天的太阳。

2. 不是所有的人都适合黄鳝养殖。

3. 黄鳝养殖90%的困难你都没想到，你不知道那是困难。

4. 作为失败过的人，至少有失败过的经历，应该经常从里面学点东西，人在成功的时候是学不到东西的，人在顺境的时候，在成功的时候，是沉不下心来的，总结的东西自然是很虚的。只有失败的时候，总结教训才是真的。

5. 这个世界，不是有权人的世界，也不是有钱人的世界，而是有心人的世界，黄鳝养殖也是有心人的世界。

6. 自己不会练兵，永远别想打仗。

7. 别人可以拷贝我的模式，但不能拷贝我的苦难，不能拷贝我勇往直前的激情。

8. 短暂的激情是不值钱的，只有持久的激情才是最赚钱的。

9. 免费是世界上最昂贵的东西。所以尽量不要免费，等你有了钱再考虑免费。

10. 没有天才，只有坚持。

（摘自：http：//www.5iyzw.com　作者：Dior_Homm）

第二节　黄鳝的市场价值与产业前景

一、黄鳝的市场价值

黄鳝肉嫩味鲜，营养价值甚高。鳝鱼中含有丰富的 DHA 和卵磷脂，它不仅是构成人体各器官组织的主要成分，而且是脑细胞不可缺少的营养。根据美国试验研究资料，经常摄取卵磷脂，记忆力可以提高 20%。故食用鳝鱼肉有补脑健身的功效。它所含的特殊物质"鳝鱼素"，有清热解毒、凉血止痛、祛风消肿、润肠止血等功效，能降低血糖和调节血糖，对痔疮、糖尿病有较好的治疗作用，加之所含脂肪极少，因而是糖尿病患者的理想食品。鳝鱼含有的维生素 A 量高得惊人。维生素 A 可以提高视力，促进皮膜的新陈代谢。据分析，每 100 克鳝鱼肉中蛋白质含量达 17.2～18.8 克，脂肪 0.9～1.2 克，钙质 38 毫克，磷 150 毫克，铁 1.6 毫克；此外还含有硫胺素（维生素 B_1）、核黄素（维生素 B_2）、尼克酸（维生素 PP）、抗坏血酸（维生素 C）等多种维生素。黄鳝不仅被当作名菜用来款待客人，近年来活运出口，畅销国外，更有冰冻鳝鱼远销美洲等地。黄鳝一年四季均产，但以小暑前后者最为肥美，民间有"小暑黄鳝赛人参"的说法。

由于黄鳝的营养价值高，市场需求量很大，尤其是我国的东南沿海和长三角地区。据有关机构调查，国内黄鳝每年的需求量高达300万吨，日本、韩国等国的需求量达到20万吨。而国内每年黄鳝的产出量远远不能满足市场需求量。每年春节期间，沪宁杭地区每日黄鳝供需缺口竟然高达100吨左右。日本、韩国等国的进口量每年以15％的速度增长，国内经济发达的地区如北京、上海、香港等地时常出现断货的尴尬局面。现在黄鳝的野生资源主要分布在四川、安徽、湖南、湖北等地，其他地区只在局部地方能够找到野生黄鳝。需求逐年上升，资源快速减少导致市场供求关系严重失调，使得黄鳝养殖成为最热门的养殖业之一。

二、发展趋势

（一）种苗生产实现批量化

尽管当前黄鳝种苗生产不尽如人意，但已引起有关部门领导和科研单位的高度重视，据最新信息，长江中下游诸多省份已将黄鳝的种苗生产列为重点工作内容和攻克方向，如湖北省科技厅于2000年秋就黄鳝种苗与饲料攻关问题在全省范围内实行项目招标。据专家预测，黄鳝种苗的批量生产问题在近期至少会得到一定程度的解决。

（二）投资黄鳝经营的主体多元化

现代化大生产离不开大中型企业、财团的支持，黄鳝生产也是如此。黄鳝养殖的较好效益已开始受到商家的注意，并且已有一些商家开始投资此产业。相信近年会有更好的企业、财团、商家涉足黄鳝产业，终将解决目前投资不足问题，实现投资多元化。

（三）生产形式实现规模集约化

目前，工厂化、集约化养鳝已形成较好的雏形，随着社会投资力量的参与和投资多元化的实现，零星的小生产形式将会由批量、规模生产的工厂化、集约化生产所代替。目前，四川简阳市专营黄鳝产业的大众养殖公司和安徽淮南的皖龙鳝业有限公司的一些工作就相当有成效。

（四）科研、生产、加工实现一体化

实现科研、生产、加工一体化是现代商品生产的必然趋势，将科技成果、技术专利直接与生产加工相结合，直接转化为生产力是发展的必然要求，目前这方面工作刚刚开始，不久的将来可呈现蓬勃发展的局面。

（五）流通、营销实现国际贸易化

随着我国加入世界贸易组织（WTO），客观上要求黄鳝参与国际贸易化经营，事实上 20 世纪 70 年代至 80 年代初我国的黄鳝出口贸易由国家外贸部门统一组织经营，而 80 年代末期开始，外贸部门已放开珍珠、黄鳝等品种的统一出口经营权，目前的出口是"各自为政""零打碎敲"。随着商家、财团对黄鳝产业的参与，流通、营销实现国际贸易化指日可待。这也将促进我国的黄鳝养殖业进入一个崭新的发展阶段。

三、发展途径

（一）加大黄鳝科研的投入，努力增加科技储备

科研的投入包括科研资金的投入和科研力量的投入，研究的主要内容应包括黄鳝生理、生态特性的研究，黄鳝生产的最佳环境的研究，还有种苗繁育与批量生产等方面的研究。

（二）倡导健康养殖和生态养殖

如前所述，随着生产力的发展，黄鳝的疾病出现多样化和复杂化趋势。解决此问题单纯靠投药防治不是最好的办法，应倡导健康养鳝和生态养鳝等养殖形式，最大限度地减少鳝体药物残存程度，这有利于人们的身体健康，更重要的是有利于出口换汇。

（三）保护天然黄鳝资源

一是要严格控制捕捉量和上市规格；二是确定繁殖保护期，在黄鳝繁苗期内禁捕黄鳝。在 21 世纪初，国家对《渔业法》进行了适当的修改，要依法保护黄鳝资源。当然，保护天然黄鳝资源一个重要方面还是要加速黄鳝人工繁苗的研究进展，只有人工种苗达到批量供给，才能更好地减少对天然黄鳝种苗的滥捕。

（四）开展工厂化养殖，提高集约化程度

学习国外的先进养鳝经验，大力开展工厂化养殖是今后养鳝的方向之一。黄鳝特殊的习性，尤其是适应浅水生活的习性，较适合工厂化立体养殖，更适合于人工调温、控温条件下的集约化养殖。这方面需要解决的内容很多，如环境中的水质、水温、溶氧等，还有全价人工配合饲料的开发等。

（五）加强深加工产品研究，增加出口换汇能力

目前我国的出口产品仍以活黄鳝为主，以后要研究黄鳝的保健食品、快餐食品等多方面内容。此外，加强产品的商标注册也迫在眉睫。

总之，我国黄鳝产业的发展需要社会力量的支持，也需要科研人员的加倍努力以提高产业的科技含量，还必须走集约化、商品化、国际化的道路。只有这样，才能使我国的黄鳝产业进入快速、持续、稳定、健康发展的时代，为我国的水产业注入新的活力。

【产业报告】

2016 年黄鳝产业报告

养殖量 2.4 万吨，市场需求 300 万吨，商机在哪？

中国水产频道独家报道，2016 年全国的鳝鱼网箱养殖的网箱数量大概在 95 万口左右（其中湖北 63 万口、湖南 4 万口、江西 25 万口、安徽与河南 3 万口），估计全国的网箱养殖鳝鱼的产量在 2400 万千克左右。

一、引言

鳝鱼，又名黄鳝，是我国比较重要的名优淡水养殖鱼类之一，其人工养殖历史有 20 年左右。其间，国内鳝鱼养殖行业几经起落，在经历了 2014 年、2015 年的全国鳝鱼养殖低潮期以后，2016 年全国鳝鱼养殖的具体情况又是什么样？2017 年我们的鳝鱼养殖又该何去何从？

二、2016 年全国鳝鱼养殖的现状简介

1. 主要产区及其规模情况

下表是由北京水世纪公司统计的近 3 年来全国鳝鱼主要养殖区域的网箱数量。

表 1 - 1　　2014—2016 年全国鳝鱼主要产区的网箱数量　万口

地点	2014 年	2015 年	2016 年
仙桃	50	30	40
潜江	6	6	4
汉南	12	6	5
江夏法泗	0.7	0.4	0.7

续表

地点	2014 年	2015 年	2016 年
咸宁	10	3.5	3.5
汉川	1.5	0.7	1
黄梅	3.5	4	3
黄冈	0.7	0.3	0.5
监利	3	3	4
江西瑞洪	10	10	12
江西三里	10	10	12
湖南岳阳	3	2	2
合计	110.4	75.9	87.7

注：此表是全国鳝鱼的主要产区的网箱数量，并不是全国网箱养殖鳝鱼的全部网箱数量。

从表1-1可以看出，相比于2015年，各地区的鳝鱼网箱数量略有增加，但整体增幅不大。大部分区域的网箱数量和去年基本持平或有少量增长，小部分区域的网箱数量还略有减少。

2. 养殖模式

现阶段的鳝鱼养殖，主要以养当年苗为主，只有仙桃的张沟地区有比较多的隔年苗养殖。整体上来看，隔年苗的养殖比例很低，九成以上的养殖者以养殖当年苗为主，养殖模式比较单一。此外还有部分放早苗的养殖模式以及大棚暂养苗种的模式，但是放早苗的养殖模式由于风险较高、局限较大，所以这种模式的养殖规模很小，特别是2016年早期的天气恶劣，早苗的成功率只有五成左右；而大棚暂养苗种的技术还不够成熟、推广程度也不高，所以这种模式也只有少量的养殖者在尝试。

3. 病害概况

损苗情况：整体上来看2016年的损苗率不高，从放苗时间上来看可以分两个阶段。第 1 个阶段是 7 月 10 日之前放苗的，这个时间段放苗的，由于天气等因素的影响，损苗率很高，苗种成活率只有五成左右。第 2 个阶段是 7 月 10 日以后放苗的，这个阶段的苗种成活率很高，几乎没有损苗。

从整个养殖周期来看，2016 年鳝鱼的发病有以下几个特点：

(1) 发病时间较前几年早。具体症状：体表出血、不吃食、上草、肛门红肿、体内腹水、肠炎等。病因：寄生虫感染、鳝鱼体内怀卵、细菌感染。通过对这些早期发病的鳝鱼解剖发现，2016 年的鳝鱼苗种的怀卵率较高，这种怀卵的鳝鱼苗种是前两年的好几倍，这与早期的连续阴雨天气有很大的关系，这种怀卵的鳝鱼被捕捞起来作为苗种来进行养殖时会给我们的养殖带来极大的困扰（如开口率不高、体质过差、应激性出血、鱼体内卵坏死引发细菌感染等），苗种中怀卵的鳝鱼过多是早期疾病频发的原因之一；此外，寄生虫是诱发早期疾病的另一个病因，解剖早期发病的这些病鳝发现，2016 年鳝鱼体内的寄生虫比往年多，这主要是由于第一次驱虫时食点过低引起的。食点过低，鳝鱼的开口率也不高，在部分鳝鱼还未开口的情况下就进行驱虫，驱虫的效果自然就会很差，寄生虫也就会频繁暴发。

(2) 中后期的出血病比较严重，主要原因是鳝鱼体质差，后期天气温差大，鳝鱼应激性出血居多。2016 年的放苗时间虽晚，但 8 月、9 月的天气很好，加上早期发病不多，其间基本没有停食，连续投喂两个月的高蛋白饲料，鳝鱼的肝脏负荷过大，肝脏的损伤情况较为严重；另外，保肝等保健药品的品种选择不当或用量上跟不上投喂量，在预防疾病的过程中滥用抗生素造成鳝鱼的肝胆负荷过大、肝胆损伤等情况，鳝鱼的体质变差，抗应激能力很弱；另外进入 10 月以后，冷空气较多，气温反复升降且每次的升温降温的幅度都不小，这种天气情况下，鳝鱼的应激反应很强，体质过差的鳝鱼会有明显的应激性出血的现象。

4. 产量情况

由于 2016 年放苗时间较晚，投喂时间较短，单个网箱的产量不高，平均在 20～30 千克。据统计，2016 年全国的鳝鱼网箱养殖的网箱数量在 95 万口左右（其中湖北 63 万口、湖南 4 万口、江西 25 万口、安徽与河南 3 万口），估计全国的网箱养殖鳝鱼的产量在 2400 万千克左右。而据相关部门统计，国内市场鳝鱼的需求量在 300 万吨左右，除了野生鳝鱼的捕捞可以填补部分缺口外，这中间还存在巨大的缺口。

5. 现阶段的成品鳝鱼的销售价格

从国庆以来，鳝鱼的销售价格比较低迷，一直在 46～64 元/千克，预计除春节期间的高价波动区间以外，2016 年的鳝鱼销售价格主要在 12.5～17.5 元/千克。此外，对比前几年，2016 年各个鳝鱼交易市场的交易量明显减小，有的交易市场甚至没有交易量，整体经济的不景气和消费取向也在影响着鳝鱼的销售终端。

三、2016 年全国鳝鱼养殖的特点

1. 放苗时间普遍偏晚、产量偏低

通常鳝鱼的放苗时间主要在 6 月中旬至 7 月上旬，但 2016 年由于前期连续阴雨天气，一直到 2016 年 7 月 10 日大部分人都还未开始放苗。2016 年的放苗高峰期是 7 月 22 日到 8 月初。鳝鱼真正投喂的时间也就 2 个月多一点，平均投喂量一个网箱不到一包饲料，所以产量普遍偏低。

2. 规模化养殖增加，小户、散户减少

由于鳝鱼苗种价格、饲料等成本飞速增加，使得鳝鱼养殖的风险也越来越大，加上 2013 年、2014 年的连续亏损，许多小户、散户开始退出鳝鱼养殖，跟风从事鳝鱼养殖的人也越来越少，现有的养殖户都有几年的养殖经验，整个行业的从业者的专业性也越来越高。2015 年鳝鱼的销售行情还算可以，所以许多大户、养殖场 2016 年增加了不少网箱，这也是整个鳝鱼养殖行业今后的一个发展趋势。

四、现阶段整个鳝鱼养殖行业存在的问题

1. 养殖技术观念还有待进一步提升

虽说通过这几年的调整，养殖户的经验越来越丰富，整个行业的从业者的专业性也越来越高，但是就目前的鳝鱼养殖来说，许多技术理念还需继续提升。比如：很多人认为鳝鱼是耐低氧的鱼类，往往在养殖过程中忽略网箱中长期溶氧过低的现象，其实溶氧不仅仅关系着鱼类的呼吸，还与其生长速度、摄食消化吸收效率、各种物质的代谢循环有着密切的关系，鳝鱼养殖中后期网箱中的氨氮、亚盐居高不下也与网箱中长期溶氧过低有关；此外，在防病或治病过程中滥用抗生素制约了整个产业的健康发展；在养殖过程中如何有效调控网箱中的水环境等。

2. 受苗种因素制约太大

现阶段我们的鳝鱼养殖，受苗种因素的制约性太大，现阶段的苗种主要靠捕捞野生资源，依赖性过强。首先，野生资源是有限的，不可能永久捕捞；其次，捕捞起来的野生苗种质量参差不齐，规格大小不一等会给鳝鱼养殖造成极大的困扰和风险。另外

鳝鱼养殖十分注重天气因素，特别是放苗期间，这会造成某阶段苗种供不应求，苗种价格过高，增加养殖成本。

3. 养殖模式单一，可加强多元化、多模式配套养殖

现阶段鳝鱼的养殖模式主要分当年苗养殖和隔年苗养殖2种，另外还有少量的大棚苗养殖，其中，当年苗养殖占九成以上，这使得黄鳝集中上市，上市期间成品鳝鱼的价格低迷，养殖效益不高，隔年苗养殖则可避免黄鳝集中上市。另外，就是外塘套养品种的选择上，目前主要以四大家鱼为主，部分会选择套养少量鳜鱼，前两年四大家鱼的行情低迷，外塘套养的鱼类也没有多少效益，造成整体效益不高甚至亏损。根据行情、天气等因素合理选择养殖模式以及外塘的套养鱼类才能取得较高的效益。

五、未来发展趋势分析

1. 新技术、新观念的引入，使养殖全程变得可控

新的科学技术的引入和养殖技术的突破是推动我们养殖业飞速发展的源动力。就鳝鱼的人工养殖来说，十多年前引入网箱养殖技术可以说是鳝鱼养殖行业的一次技术革命，但是，这十多年来，除了把网箱改小、更精细化的管理外，鳝鱼的养殖技术一直还没有大的突破。就拿养殖来说，中间还有许多环节存在问题，需要去提升、解决，如网箱里面溶氧低、网箱里面水环境难以调控、中后期氨氮与亚盐高等。新技术（如：底部增氧技术、纳米增氧技术）、新设备（如对池塘水体的各项指标进行全天候监控的新设备）的采用，定期打样检查鳝鱼的内脏情况，用指标、数据来管理养殖，使养殖全程变得可控是未来发展的一个主流。

2. 育苗技术突破与推广

传统的黄鳝养殖，非常容易受到苗种因素的影响，并且对鳝鱼野生资源的依赖过大，野生资源是有限的。鳝鱼养殖行业要想持续地发展，就必须在育苗技术上做出突破，无论是人工繁殖技术还是自繁自育的技术。此外，大棚暂养在目前阶段来说是一种十分适用的技术，通过大棚暂养不仅可以避开不利天气对放苗的影响，还可以提高苗种的存活率和开口率，减少损苗，减少鳝鱼放苗期间对天气的依赖。

3. 网箱进一步减小，精细化管理将成主流

网箱改小不仅方便管理，减少病害损失。网箱越大，到养殖中后期对网箱内外水体的交换能力相对越差，管理起来的难度也就越高。另外，这几年的苗种价格偏高，网箱改小，苗种的成本也相对减少。

4. 多种模式配套养殖

成品鳝鱼的销售价格在一个销售周期内往往会有较大的波动，所以有"养得好不如卖得好"这种说法，因此把握好卖鱼时机也非常重要。隔年苗养殖可以在来年选择比较自由的出售时间，更容易把握价格机会。每年市场对于鳝鱼规格的偏爱程度也不同，有时大规格的鳝鱼更受欢迎，有时小规格的鳝鱼更受青睐，所以持续关注市场动态和需求，适时选择合理的模式、培育适当的规格来满足市场需求也能帮助我们取得好的效益。此外，在外塘套养品种与模式上可多做尝试，除了四大家鱼外，黄颡鱼、鳜鱼、南美白对虾、小龙虾、鳊鱼等都可以尝试套养，选择套养一种或几种效益较好的品种也可以增加我们的养殖效益。

（摘自：中国水产频道）

第二章　黄鳝的生物学习性

第一节　形态学与生活习性

一、形态学基础

（一）外部形态

　　黄鳝在分类学中属于硬骨鱼纲，合鳃目，合鳃科，黄鳝属，为底栖淡水鱼类。主要分布在中国、朝鲜、泰国、日本等国家，尤其我国分布最广。黄鳝的个体细长，一般 25～40 厘米，最长 80 厘米，一般体长为体高的 20～30 倍。从外形来看，黄鳝的头部与身体前端均呈圆筒状，大小一致，向后逐渐侧扁，尾端尖细，外形与蛇相似（图 2-1）。但头部呈膨大状，其吻端尖细。黄鳝的口很大，且上颌比下颌要发达一些，因此上颌骨要长于下颌骨。黄鳝的口裂很深，其后方一直延伸到达眼睛的后缘。黄鳝的上颌骨、下颌骨和口盖骨上都有细小而不规则排列的牙齿。黄鳝的唇发达而肥厚，但下唇比上唇更肥厚些。黄鳝的眼睛细小，且为皮肤所覆盖，不十分明显，两眼之间的间隔比较宽。黄鳝的视觉极不发达，因而一般喜欢白天穴居洞中，晚上出来寻找食物。黄鳝有 2 对鼻孔，前鼻孔位于吻端，后鼻孔位于眼前缘上方。黄鳝的侧线发达，稍向内凹。黄鳝虽属于鱼类，但体表多黏液、润滑无鳞片，也没有胸鳍和腹鳍，背鳍和臀鳍也退化成不明显的皮褶与尾鳍相连，而且尾鳍很小。黄鳝身体大多呈黄褐色，且背部颜色比腹部颜色要深，腹部颜色较淡、有点偏白，黄鳝的最大特点是其全身布满大小不一的黑色斑点。不过黄鳝背部颜色也会因生活环境不同而略有差别，如背部颜色有黄色、棕黄色、青黄色、泥黄色等。

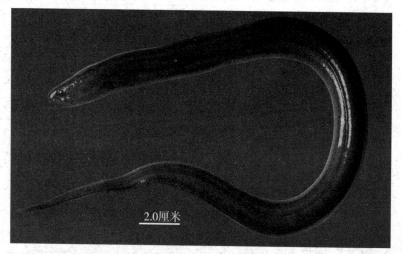

2.0厘米

图2-1 黄鳝的外部形态

（二）内部结构

和其他鱼类一样，黄鳝也具有完整的骨骼系统、消化系统、神经系统、感觉器官及特殊的生殖系统。黄鳝的骨骼系统中只有背部一根脊椎骨，与头骨一起构成身体的中轴骨骼。黄鳝不像其他鱼类，没有肌间骨（刺），因此是人们比较喜欢的一道美食。黄鳝脊椎骨的脊椎数较多，肛门以前的脊椎数为84～97节，尾椎数为75节左右。黄鳝的消化系统由食管、胃、肠组成。食管是连接口咽腔和胃的纽带，胃后面就是肠道，肠道末端开口处称为肛门。黄鳝的牙齿呈细小的绒毛状，长在第三、第四鳃弓咽鳃骨和第五鳃弓的上下咽骨上。

黄鳝的食管、胃和肠不是呈盘曲状，而是呈直筒形，因而肠很短，约占身体长度的 2/3，为肉食性鱼的特征。它的肠道不是我们平时所说的大肠和小肠，而是在肠的中段有一个结节，将肠分为前肠和后肠两段。黄鳝获取的食物主要在胃中消化，在前肠被吸收。黄鳝呼吸系统中有 3 对鳃丝，呈退化状，鳃丝呈羽毛状，数目为 21～25 条，鳃孔较小，左右鳃孔在腹面合二为一。因此，黄鳝不能长时间在水中独立呼吸，而是通过口腔内壁表层组织和皮肤进行直接呼吸，以弥补鳃呼吸的不足。同时黄鳝的肠道和侧线孔具有辅助呼吸功能的作用，黄鳝在夏季等水温较高、代谢旺盛时，常常将头伸出水面，张口吸入空气，依靠口咽腔进行呼吸，即黄鳝可直接呼吸。而在冬季低温冬眠期和环境异常恶劣时，黄鳝主要依靠皮肤进行微弱的呼吸。黄鳝特殊的呼吸方式决定了它不适应在较深水体里生活。黄鳝可离水较长时间而不会死亡。黄鳝循环系统中心脏离头部较远，约在鳃后 5 厘米处，黄鳝通过血液运输为生命活动提供氧气和营养物质。黄鳝的运动系统很特殊，没有一般鱼类具有的特征，即体内无鳔（也叫鱼泡），因而黄鳝不能像其他鱼一样停留在任意水层。黄鳝泌尿系统中肾为深红色，在背部紧贴脊椎骨，细长且呈"Y"字形，黄鳝的膀胱为十分特化的长管囊袋，内壁有大量发达的绒毛。管囊状膀胱不仅可储存尿液，而且可能对水分等有重吸收作用。黄鳝生殖系统比较特殊，生殖腺不成对，黄鳝左侧的生殖腺发达，而右侧的生殖腺退化。黄鳝的性腺发育过程非常特殊，即先雌后雄。生殖腺早期向雌性方向分化，性成熟产过一次卵后，即向雄性方向分化，再以后终身为雄性，即所谓的性逆转现象。

二、生活习性

黄鳝作为底栖生活鱼类，适应能力强，在河道、湖泊、沟渠及稻田中都能生存，特别喜欢在水体的泥质底层钻洞或在岸堤的石缝中穴居，黄鳝有很强的掘洞能力，喜欢在腐殖质较多的泥底、偏酸性水域的环境中生活。因此人工养殖黄鳝建饲养池，需要建在背风向阳、有良好偏酸性水源的地方，池内端口需设塑料网或铁丝网防逃，上方需有水草遮盖。黄鳝的眼睛细小而退化，视觉失灵，因此喜欢黑暗，白天穴居洞中，夜晚或阴雨天离洞外出寻找食物，而且一般是守候在洞口来等待时机捕捉食物。黄鳝的洞穴，有旱洞和水洞两种，旱洞在离水面20～30厘米处，水洞在水下，距水面20厘米左右。黄鳝用头部钻泥土，动作非常敏捷，瞬间即可钻入泥中。黄鳝在钻洞时不是将泥土排出洞外，而是直接钻入，因此看洞穴大小便知鳝体大小，即黄鳝洞穴大小与黄鳝身体大小有关。黄鳝的洞穴为圆形，且洞口光滑，长度为黄鳝体长的2.5～3.65倍（表2-1）。黄鳝洞穴结构复杂，分洞口、前洞、中洞和后洞4部分，有时弯曲分叉，每个洞穴至少有两个出口，两口相距60～100厘米，其中一个出口在近水面处，作为进退通道，其他洞口为通气孔。黄鳝属于冷血变温动物，它的体温会随着环境温度的变化而变化。其生长的适宜温度为15 ℃～28 ℃，最适温度为22 ℃～25 ℃。当水温上升到15 ℃以上，就出洞寻找食物，水温降到10 ℃以下，即停止摄食，开始钻进20～25厘米深的泥土中，以度过严寒。夏季水温上升到30 ℃以上时，同样可以深入洞穴中度过夏天。当水温高于32 ℃时，黄鳝会出现打转等焦躁不安的状况，几分钟内就会死亡。

表 2-1　　　　　　黄鳝洞穴与所居鳝体大小关系

编号	黄鳝全长（厘米）	洞长（厘米）	洞长/鳝体	黄鳝体高（厘米）	洞径（厘米）
1	37	103	2.78	1.8	2.2
2	47.5	146	3.03	2.3	3.0
3	29	92	3.17	1.2	1.6
4	40	117.5	2.94	2.0	2.5
5	36	127	3.53	1.8	2.3
6	32	90	2.56	1.7	2.2
7	32	90	2.56	1.75	3.0
8	32.5	94	2.89	1.6	2.4
9	32.5	89	2.74	1.7	2.4
10	31	91	2.93	1.6	2.0
平均	35.0	103.1	2.91	1.75	2.3

注：摘自魏青山的《黄鳝的栖息环境和食性研究》。

三、摄食习性

黄鳝的食性范围很广，以各种动物性食物为主，在野生状态下，黄鳝主要以大蚯蚓、昆虫及幼虫、蝌蚪、幼蛙、小泥鳅、枝角类、桡足类、藻类、小虾、小鱼等为食（表 2-2）。在人工驯化的条件下，也采食植物性饵料或配合饲料。一般野生条件下，由于食物缺乏，生长较为缓慢，而在人工养殖条件下，饵料充足，生长较快，年平均增重在野生黄鳝的 4 倍以上。黄鳝的食性随着全长的生长而变化，稚鳝（全长在 25～100 毫米的个体）阶段的食性主要是吃摇蚊幼虫和水生寡毛类为主，但也会以一些枝角类、硅藻类、绿藻类等为饵料。幼鳝（全长在 100～200 毫米性腺未成熟的个体）阶段的

表 2 - 2　　　　黄鳝幼鳝、成鳝肠道中食物组成与全长

种类 \ 全长	101~200 毫米（118 尾）		200 毫米（105 尾）	
	出现次数	频率	出现次数	频率
蓝藻	17	14.41	8	7.62
黄藻	20	16.95	7	6.67
绿藻	86	72.88	19	18.10
裸藻	22	18.64	8	7.62
硅藻	108	91.52	44	41.90
轮虫	43	36.44	32	30.48
枝角类	69	58.47	54	51.43
桡足类	53	44.91	65	61.90
摇纹幼虫	113	95.76	102	97.14
蚯蚓	41	34.76	55	52.38
水生寡毛类	115	97.45	97	92.38
昆虫幼虫	87	73.73	98	93.33
蝌蚪	24	20.34	44	41.90
米虾	12	10.20	36	34.29
稚鳝、幼鳝	3	2.54	12	11.43
鳝卵	6	5.08	49	46.67

注：摘自杨代勤的《黄鳝食性的初步研究》。

食性主要是以吃水生寡毛类、摇蚊幼虫、昆虫幼虫和硅藻为主，开始有吞食稚鳝和鳝卵的现象。成鳝（全长在 200 毫米以上的个体）阶段的食性以吃摇蚊幼虫、水生寡毛类、昆虫幼虫和蚯蚓为主，但在饥饿状况下，有大吃小的种内蚕食习性，会吞食幼鳝和鳝卵。黄

鳝喜欢吃鲜活动物饵料，且贪食。黄鳝摄取到的食物，不立即咀嚼咽下，而是遇到食物时，先将其咬住，并以旋转身体的办法将所捕食物咬断，然后吞食，摄食动物迅速，摄食后即以尾部迅速缩回原洞中。黄鳝的食量很大，每天的食物重量可以占体重的 1/7 左右。但食物缺乏时，黄鳝忍饥受饿能力很强，刚孵出的鳝苗，放在水缸中用自来水饲养，不投食，2 个月也不会死亡，但会减少黄鳝的重量。人工养殖的黄鳝，除了投喂天然饵料外，也可以投喂商品配合饲料，如米糠、麦麸皮、豆腐渣、豆饼、煮熟的麦粒、菜类或投喂鳗鱼人工饲料。这些植物饵料大都是迫食性的，效果不好。不过稚鳝如果养成吃某种饵料的习惯，就很难改变，因此，人工饲养鳝鱼，必须做好驯鳝工作。为了解决饲料来源问题和提高重量，幼鳝和成鳝应尽可能及早驯化投喂人工配合饲料。但黄鳝对蚯蚓的腥味天生特别敏感，水中的蚯蚓能被周围数十米远的黄鳝嗅到，并且十分喜爱吃食。因此，养殖户在人工养殖黄鳝时，为了达到顺利开食，驯化黄鳝吃食配合饲料及增进食欲，最好人工养殖一定数量的蚯蚓来取得理想的养殖效果。

四、生长规律

黄鳝的生长通常是指黄鳝身体长度和重量的增加，其生长速度受性别、年龄、营养、健康和生态条件等多种因素影响。生长速度的特点为：一般雌鳝快于雄鳝，性成熟前快于性成熟后，高温季节快于低温季节，营养充足、健康良好的黄鳝快于食物缺乏、瘦小的黄鳝。另外，不同的地区其生长速度也有所差别。一般来说，野生状态下的黄鳝由于自然条件饵料的限制，生长速度非常缓慢。如 5～6 月份孵化出来的小鳝苗，半年后其体重在 5～10 克，全长为7.7～19.7 厘米，第二年生长速度是第一年的 5～10 倍，体重在 10～

20克，全长为19～30厘米，此时的雌鳝达到成熟期。第三年、第四年体重成倍增长，可达50厘米以上，到第五年、第六年，体重在200～350克，以后体重增长相当缓慢，12年以上体重才能长到500克左右。但也有个别生长速度较快的黄鳝，如云南发现我国迄今最大的黄鳝（传说中的"鳝王"），其长90厘米，身体最粗处周长19厘米，重1.35千克。在人工饲养条件下，采用优良的品种并配以科学的饲喂方法，黄鳝会由于饵料充足而生长较快。如5～6月孵化的鳝苗养到年底，单条体重可达50克左右，全长为27～44厘米，体重达19～96克，能够达到市场收购的规格标准，完全实现当年养殖当年上市，若第二年继续养殖，个体体重可达150～250克，全长为45～60厘米，第三年可达350克左右，400克以上生长缓慢。人工养殖黄鳝投喂饵料主要有活饵、鲜饵和配合饵料三大类，但以人工投喂蚯蚓、蝇蛆等活饵料养殖的黄鳝生长速度最快，其次是投喂动物肝脏等鲜饵料。在配合饵料中，必须要把握好配制成分和加工技术。同时，黄鳝驯喂到正常吃食后，要正确掌握投喂方法。水温18℃以下，每日投饵一次；水温21℃～28℃，每日上午和傍晚各投饵一次。一般日投鲜饵量为黄鳝总量的3%～10%，配合料为2%～5%。鲜料以在1小时、配合料以在半小时内吃完为度。黄鳝的生长还与生长地域有关系，一般来说，南方的黄鳝生长期较长，而北方的黄鳝生长期较短。以江苏、浙江一带的黄鳝为例，其生长期为5～10个月，即170天左右。而生活在湖南、湖北、广东、广西等地方的黄鳝生长期要长于江苏和浙江一带。

第二节　生殖生理与繁殖特性

一、黄鳝的性逆转现象

　　黄鳝具有与其他脊椎动物不同的生理特性，即性逆转现象。性逆转是指同一条黄鳝，在前期为雌性，后期转化为雄性，中间为雌雄间体。黄鳝的生殖腺仅 1 个，位于腹腔稍偏右侧，起始于胆囊中部的右侧面，开口于泄殖腔，左侧的生殖腺已经退化。生殖腺在早期向雌性方向分化，性成熟产过一次卵后，即向雄性方向发展。即从胚胎期到初次性成熟时都是雌性，雌鳝产卵后卵细胞败育，卵巢逐渐退化，同时原始精原细胞开始生长发育，此时残留的雌性生殖细胞与发育的雄性生殖细胞同时存在于黄鳝体内，即为雌雄间体发育阶段，然后精巢进一步发育成熟而过渡为雄性。从个体大小来看黄鳝的性逆转，具体表现为黄鳝体长在 20～24 厘米的个体的生殖腺全为卵巢，此时全为雌鳝。体长在 30～36 厘米时，部分性逆转，但雌性个体仍然占 60%。体长 36～38 厘米时，雌雄个体数相等。体长在 38～42 厘米时，雄性个体占多数，比例达 90% 之多。当黄鳝成长至 53 厘米以上时就全部为雄性个体。所以黄鳝的性别明显与体长有关，即在黄鳝群体中，中、小个体者大多为雌性，而较大个体者则为雄性。

二、性腺发育规律

　　鱼类是否能繁殖以及繁殖的效果与时间如何，主要取决于它们的性腺发育状况。只有了解了鱼类的性腺发育规律和鱼类繁殖的内部规律，才能掌握和应用好人工培育措施和催产技术。性腺，又叫生殖腺。雌黄鳝的性腺是卵巢，雄黄鳝的性腺是精巢。黄鳝的性腺发育不对称，一般是右侧发育而左侧退化。在繁殖季节卵巢发育成熟时，雌鳝腹部膨大，卵巢几乎可以充满整个腹腔，把肝脏等内脏器官向上挤到胸腔，膨大的腹部柔软呈橘红色。透过腹壁，肉眼可见到卵巢的轮廓和卵粒。黄鳝的性腺发育有性逆转现象，因此，在一群性成熟的黄鳝群体中，往往雌性的个体比较小，雄性的个体比较大，中间个体一般多数为雌雄间体。科学研究发现，黄鳝体内的生殖细胞在发育早期，产生两套分化了的细胞，在不同时期分别分化为卵巢和精巢。即黄鳝在幼年期，其性腺逐步从原始生殖母细胞分化成卵母细胞和卵细胞的卵巢，进入成年期后，性腺发育成成熟卵，此时的黄鳝性别为雌性。雌鳝产卵后，性腺中的卵巢部分开始退化，精巢组织逐渐分化，并向着雄性化方向发展，此时的黄鳝体内既有卵巢又有精巢，即处于雌雄间体状态。然后卵巢完全退化消失，而精巢发育成熟，形成成熟的精子，这时的黄鳝为雄性，且以后终生为雄性。影响黄鳝性腺发育的因素很多，如营养因素、环境因素和性激素。黄鳝通过摄食、生长为繁殖准备物质和储备能量，通过繁殖又把这种物质和能量传递给后代。卵巢、精巢的发育需要外界提供营养物质和能量，如蛋白质、脂肪和维生素等，才能正常地发育成熟。环境因素如温度、光照、水流等都能影响性腺的发育。在适宜温度范围内，精子和卵细胞的形成速度与水温呈正相关性。黄鳝的性腺发育是外部环境和内部神经、内分泌系统协调作用的结果，它们相互作用和相互协调。黄鳝能感知环境的变化信息，这种信息是由感觉器官传入神经系统，然后下丘脑释放激素，进而作用于性腺，从而促进和制约黄鳝生殖细胞的发生、性别的分化和性腺的发育成熟及其繁殖活动。

三、繁殖特性

　　黄鳝的繁殖比较特殊，具有性逆转现象，即同一条黄鳝要经历雌鳝、雌雄同体和雄鳝三个阶段。然而只有雌鳝和雄鳝具有繁殖能力，雌雄同体的黄鳝并不具有繁殖能力。像大多数的鱼一样，黄鳝也是卵生，体外受精。繁殖季节的雌鳝和雄鳝分别把卵子和精子排到体外，在体外完成受精过程。在自然条件下，黄鳝的成活率很低。黄鳝的繁殖季节与生长环境有密切关系。纬度越高的地区，繁殖季节越晚。如在黄河以北地区，黄鳝一般从每年的6月开始产卵，一直到9月结束，7～8月为产卵的繁盛时期。在长江中下游地区，黄鳝一般从每年5月中下旬开始产卵，一直到8月上旬结束，6月上旬为产卵的繁盛时期。而在珠江水域，黄鳝一般从每年的4月开始产卵，一直到7月结束，产卵高峰期在每年的5～6月。黄鳝在产卵前的3～5天，会在其穴居的洞口附近，口吐泡沫堆成鳝巢，泡沫位于洞口的上方，将卵产于泡沫中，受精卵在泡沫中借助泡沫的浮力，在水面的泡沫中孵化，若泡沫被毁坏，卵即下沉，因此为保证受精卵发育成熟，雌雄黄鳝都有护巢的习性，一般要守护到鳝苗的卵黄消失为止。如果黄鳝在护巢的过程中，水位等生态环境改变而影响受精卵的发育，黄鳝会吞食自己的卵或鳝苗，但不会逃远。繁殖结束后，黄鳝原来产卵时的洞穴将不再被利用，而是会重新开辟新的洞穴或利用其他洞穴来生活。黄鳝属于吐泡营巢繁殖的鱼类，怀卵量较低。其怀卵量从数量来说与它的体形大小关系密切，总体来说怀卵量不大，每尾黄鳝的怀卵量一般为200～800粒，个体大的可达1000粒。精子和卵细胞完成受精后形成受精卵，逐渐分化、发育为胚胎，胚胎发育的时间一般需要5～11天，在发育的过程中，水温的影响比较大。一般水温在25℃～31℃的范围内时，5～7天就可以孵出稚鳝，如果水温低于 25 ℃，即在 18 ℃～25 ℃的范围内时，需要 8～11 天才能孵出稚鳝，如果超过 11 天还没有孵出，则该受精卵没有生命力。另外，溶解氧也是影响黄鳝繁殖和发育的一个重要因素，水体溶解氧充足，孵化的时间就短，稚鳝发育就正常。溶解氧充足，才能促使黄鳝的卵膜正常破裂，抵抗水霉病的发生。因此水体中的溶解氧需大于 2 毫克/升，否则会影响黄鳝的正常孵化与发育。黄鳝喜好偏酸性环境，当水体 pH 值大于 7 时，会影响黄鳝的性腺发育，且 pH 值越大，危害越大。所以保持养殖水体的酸性也非常重要。稚鳝孵出后胸鳍逐渐退化。随着温度的升高，黄鳝的胚胎发育速度加快，孵化时间会缩短。因此雌雄黄鳝性腺发育难以同步，雄鳝与下一代雌鳝交配，以其独特的生殖特性，一代代地传宗接代下去。

第三节 黄鳝性腺分期与胚胎发育

一、黄鳝性腺发育过程与分期

一般来说，黄鳝在全长 20 厘米以上，2 龄（2 周年）时开始性成熟。如前所述，本次性成熟是生活史中的第一次性腺发育成熟，为雌性成熟。

（一）发生与分化

张小雪、董元凯（1994）通过系统观察仔鳝（苗）、幼鳝连续石蜡切片，对黄鳝性腺的发生与分化进行了较为详细的研究，并将此过程分为如下 5 个时期：

1. 生殖腺原基的出现及其发育时期

在仔鳝出膜第 5 天，平均体长为 1.81 厘米时，可见较大的原生殖细胞，两桃形生殖腺原基已开始离开背血管而进入体腔。

2. 生殖腺开始分化时期

幼鳝出膜第 26 天，平均体长 4.5 厘米，生殖腺逐渐增大且向右伸展，左右生殖腺大小基本相似，长约 50 微米，宽约 20 微米。

3. 左右生殖腺合并时期

幼鳝出膜第 30 天，平均体长 5～6 厘米时，左右生殖腺外膜合并，形成纵隔。卵巢腔十分明显，生殖腺上皮由多层细胞组成。

4. 单一生殖腺时期

幼鳝生长第 60 天，平均体长为 7.1 厘米。上述的纵隔完全消失，代之以两条髓索和不同发育时期的卵母细胞。第 90 天，平均体长为 7.8 厘米，生殖腺横切面为长形，内有大小不等的卵母细胞。生殖腺被膜薄，有些地方不易看清。

5. 生殖腺分化结束时期

幼鳝生长第 120 天，平均体长为 13.5 厘米，为单一生殖腺，位于体腔右侧。生殖腺外观为乳白色。幼鳝生长第 150 天，平均体长 14.1 厘米，单一生殖腺。生殖腺外观与第 120 天时相比，长度差不多，但明显增粗，且为淡黄色。生殖腺横切面为梨形，长径为 530 微米，短径为 390 微米，内充满许多不同发育时相卵母细胞。卵巢腔明显，生殖腔外被 5 微米厚的结缔组织被膜。

（二）卵巢的组织学分期

如上所述，黄鳝体内有卵巢，卵巢外有一层结缔组织形成的被膜，膜内为卵巢腔，充满形状各异、大小悬殊、不同发育阶段的卵母细胞。卵径 0.08～3.7 毫米。与其他鱼类一样，黄鳝的性腺发育需经Ⅰ～Ⅵ期。

Ⅰ期：卵巢白色，透明细长，肉眼看不见卵粒，但解剖镜下可见透明细小的卵母细胞。全长5.9厘米，体重0.4克的仔鳝苗，解剖后可找到细小而透明的卵巢；全长8.2厘米的幼鳝卵巢内充满细小的卵母细胞。

Ⅱ期：卵巢较Ⅰ期稍粗。白色透明，肉眼看不见卵粒，解剖镜下可见卵巢充满透明而细小的卵母细胞，卵径0.13～0.17毫米，此时的幼鳝全长一般不超过15厘米。

Ⅲ期：卵巢更加粗壮，已由透明白色转变为淡黄色。肉眼可见卵巢内有很多细小的卵粒。解剖镜下可见到清晰的圆形或形状不规则的卵母细胞，细胞内已沉积有较多的卵黄颗粒。卵径为0.18～2.2毫米，同时在卵巢内并存的还有Ⅰ期和Ⅱ期的卵母细胞，此时的幼鳝全长15～26厘米。

Ⅳ期：卵巢明显粗大，卵母细胞也明显增大，卵粒大小较一致，颜色由淡黄色变为橘黄色。解剖镜下可见卵黄颗粒充满整个卵母细胞。细胞核逐渐偏离中心位置。卵径2.2～3.4毫米。整个卵巢长度占头后体长的44.6%～59.2%，平均为53.2%。此时的黄鳝全长30厘米左右，少数可达40厘米以上。

Ⅴ期：卵巢粗大，内充满橘黄色的卵巢，呈圆球形，卵径3.3～3.7毫米。卵母细胞内充满排列致密的卵黄球，细胞核移至一端，卵在卵巢内呈游离状。此时的黄鳝相对于Ⅳ期全长没有多少变化，只是已临近产卵。

Ⅵ期：此时的黄鳝为产后的亲鳝，卵巢萎缩，其中含有少量未产出的卵子已趋向生理死亡。

（三）雌雄同体阶段

多数黄鳝在2龄以后，全长25～37厘米时开始转入这一时期。

此时性腺被膜加厚，卵巢逐渐退化，精巢逐渐形成。本阶段的性腺分为前期和后期，前期倾向于雌性，后期倾向于雄性，但卵巢和精巢并存于体腔内。解剖镜下可观察到少数残留的细小卵粒，被逐渐退化吸收，分解成橘黄色的絮状物，同时，可看到刚形成的不完整的曲精小管。

（四）雄性性腺的特点与组织学分期

1. 性腺的特点

多数黄鳝在3龄后转变为雄性，也有2龄时就转变的。这一时期的黄鳝腹腔内已见不到卵巢，而精巢尚未成熟，表现为细长、灰白色，表面有色素斑点。显微镜下可见曲精小管及不活动的精母细胞，随着时间的推移，精巢发育得更加粗大，表面分布有形状不一的黑色素斑纹，成熟后在显微镜下可见数量多而细小的活动精子。张小雪、董元凯（1994）认为，黄鳝的精子分为头部、颈部和尾部，头部为圆形，无顶体；颈部外缘有球状结构；尾部细短。

2. 精巢的组织学分期

根据黄鳝精细胞发育状况，可将其精巢发育分为六个时期。

Ⅰ期：精巢体积大，分散分布的精原细胞。时间在3月初以前。

Ⅱ期：精巢体积大，有数量很多的精原细胞，精小囊内无腔隙。时间在3月初至3月中旬。

Ⅲ期：精巢有大量初级精母细胞，少量精原细胞。精小囊中具腔隙。时间在3月中旬至4月中旬。

Ⅳ期：精小囊内主要充满次级精母细胞和精子细胞。精小囊腔隙加大。时间在4月下旬至5月下旬。

Ⅴ期：精小囊内主要充满成熟精子，小囊壁主要由精子细胞及其向精子变态的各阶段成分组成。时间在5月下旬至8月上旬。

Ⅵ期：大部分精子已排出，精小囊中残存少量精子。时间在 8 月上旬以后。

二、受精卵的胚胎发育

黄鳝卵的胚胎发育受温度的影响较大，从受精卵到仔鳝出膜，在水温 29 ℃～31 ℃时，需 50 小时左右；水温 25 ℃～27 ℃时，需要 168 小时左右。黄鳝卵的卵径 3.3～3.7 毫米，卵粒重 35 毫克左右。卵黄均匀，卵膜无色、半透明。

卵子受精后 12～20 分钟，受精膜举起，形成明显的卵间隙，此时卵径增大到 3.8～5.2 毫米，并开始有原生质流动。受精后 40～60 分钟，可见到明显的胚盘，从卵子受精直到原肠早期，卵的动物极细胞均朝上。

卵裂期：在 25 ℃左右的水温下，鳝卵受精后 120 分钟左右，发生第一次分裂。受精后 180 分钟左右发生第二次分裂，受精后约 240 分钟，第三次分裂，第四次分裂在受精后 300 分钟左右，受精后 360 分钟左右形成大小基本相等的 32 个细胞，呈单层排列，此后分裂继续进行，经过多细胞期，于受精后 12 小时左右发育到囊胚期。

原肠期：随卵裂的继续进行，动物极细胞越来越小，原肠期开始。受精后 18 小时左右，动物极细胞下包，进入原肠早期，形成环状隆起的胚环。受精后 21 小时左右，胚盾出现。受精后 35 小时左右下包到卵的 1/2，神经胚形成。受精后 44 小时左右，发育到大卵黄栓时期。受精后 48 小时左右，进入小卵黄栓时期。受精后 60 小时左右，胚孔闭合。

神经胚期：在原肠下包的同时，动物极细胞开始内卷，在受精后 21 小时左右，胚盾形成并不断加厚，形成原神经极。此后，随原肠的下包，神经极不断发育和伸长，在受精后 65 小时左右，尾芽开始生长时形成神经沟。

器官发生期：受精后 60 小时左右，形成细直管状的心脏，并开始缓慢跳动，每分钟 45 次左右，血液中无红细胞。此后，心脏两端逐渐膨大，有心耳、心室之分，进而出现弯曲。受精后 90 小时左右，形成"S"形心脏，心跳每分钟 90 次左右，血液中有红细胞而呈红色。胚孔闭合，尾芽开始生长。受精后 77 小时左右尾端朝前形成弯曲。受精后 95 小时左右后尾部朝后伸展，并不断伸长。受精后 65 小时左右，神经胚的头部膨大，形成菱形的脑室。受精后 85 小时左右，视泡出现在前脑室两侧，受精后 100 小时左右晶体形成。受精后 89 小时左右，胸鳍形成，并不断扇动，每分钟 90 次左右。在受精后 94 小时左右，胚胎的背部和尾部形成明显的鳍膜。到卵黄囊接近消失时，胸鳍和鳍膜亦退化消失。水温 21 ℃时，受精后 327 小时（288～366 小时）仔鳝破膜而出。此时体长一般在 12～20 毫米，刚脱膜仔鳝卵黄囊相当大，直径 3 毫米左右。仔鳝只能侧卧于水底或作挣扎状游动。

黄鳝仔鳝孵出后，仍然靠卵黄囊维持生命。待全长达 28 毫米左右，颌长 1.2 毫米左右时卵黄囊完全消失，胸鳍及背部、尾部的鳍膜也消失，色素细胞布满头部，使鳝体呈黑褐色，仔鳝能在水中快速游动，并开始摄食小型浮游动物和丝蚯蚓。

第三章　养殖场地的选择与建设

　　根据养殖地环境特点和黄鳝的生态习性，养殖场进行整体规划与布局，要既能满足黄鳝的生长需求，又能符合《动物防疫条件审核管理办法》及有关法律法规要求和无公害健康养殖条件，达到有效防控疫病的发生，保证水产品质量安全的目的。

　　黄鳝对人工养殖环境适应性较差，其生长、发育、繁殖及产品质量等各方面易受到生存环境的影响。因而，在人工养殖过程中，选择无污染的、适宜的生态条件，保持良好的、稳定的生活环境，为黄鳝营造一个健康生长的环境。

第一节　养殖场地选址

　　黄鳝对自然环境条件要求较高，养殖场建设选址必须基础条件好、气候适宜、交通方便，用于建设养殖场的水源和土质条件符合国家相关标准。

一、气候条件

　　在适宜温度范围内水生动物摄食量、生长速度随生存环境温度的升高而加快，生长周期变短。因此，养殖场建设选址时要向气象部门了解当地全年平均气温、最高气温、最低气温、日照时数、降雨量、无霜期、台风等气候状况。

二、场址选择

黄鳝养殖场应选择在取水上游 3000 米范围内无工矿企业、无污染源，生态环境良好的区域建场。

三、水源

水源包括江河、溪流、湖泊、地下水等，只要水源充足，水质良好、排灌方便，不受旱、涝影响，符合 GB3838（Ⅲ）《地表水环境质量标准》和 GB11607《渔业水质标准》要求的水源均可作为黄鳝养殖水源。同时还需查阅当地历年的水文记录，考察工业、农业和生活排污情况，远离洪水泛滥地区和污染源。

四、水质

养殖用水的质量直接影响黄鳝的生长、发育与繁殖，是养殖生产的关键控制因素之一。黄鳝养殖用水要求水质清新，无异味，无有毒有害物质，水质符合 NY5051《无公害食品　淡水养殖用水水质》要求。同时养殖用水的理化因子，如氨氮、溶解氧、硫化物、pH 值等各项水质指标均要满足饲养黄鳝生长发育的需求。养殖用水的排放应符合 SC/T9101 的要求，生活污水应经无害化处理后再排放，排放水应符合 GB18918 的规定。

五、土质

建池的土质以黏壤土为好，沙壤土次之，其他的土质则不适宜，酸性土壤或盐碱地更不宜选建水产动物养殖场。黏壤土保水性和透气性好，渗透性差，有利于池中有机物分解和浮游生物繁殖及池塘水位的稳定，有利于创造、保持良好又稳定的养殖水环境。砖砌水泥池一般对土质条件不作要求。

养殖池选址时，土壤的土质、透水性、有毒有害物质等成分、指标均需采样送往具有相应检测资质的检测部门进行分析。而有关土壤种类的判定可用肉眼观察和手触摸的方式进行初步判定，方法如下：

1. 重黏土：土质滑腻，湿时可搓成条，弯曲不断。

2. 黏土：土质滑腻，无粗糙感觉，湿时可搓成条，弯曲难断。

3. 壤土：湿时可搓成条，但弯曲有裂痕。

4. 沙壤土：多粉沙，易分散板结，用手摸如麦面粉的感觉；肉眼可以看到砂粒，手摸有粗糙感。

5. 砂砾土：有小石块和砾石。

六、周边环境

黄鳝养殖场应选择安静、阳光充足的区域建场，避开公路、喧闹的场所、噪声较大厂区及风道口。周围无畜禽养殖场、医院、化工厂、垃圾场等污染源，具有与外界环境隔离的设施，内部环境卫生良好，环境空气质量符合 GB 3095《环境空气质量标准》各项要求。

生活垃圾分类存放，可降解有机垃圾应经发酵池发酵后循环利用。废塑料、废五金、废电池等不可降解垃圾应分类存放，集中回收。

七、交通设施及能源

选择交通方便，供电充足，通信发达和有充足饵料来源的区域进行黄鳝养殖，以便苗种、饲料、养殖产品等运输畅通，保证养殖生产正常运行和及时了解市场行情，以获得较好的经济效益。

八、资质条件

养殖场应有县级以上人民政府颁发的《中华人民共和国水域滩涂养殖使用证》，符合区域产业规划，通过无公害产地认证。

第二节　养殖场规划与布局

一、场地布局

养殖场的规划与布局需从地理环境、自然资源、经济效益等多个方面综合考虑，因地制宜地布局好养殖场，创造良好生态环境，保证其最大限度地生长与繁殖，突显出养殖场的生态性、无公害性和经济性。在建养殖场时，可因地制宜、就地取材，讲求实用性，减少成本。在设计养殖池的形状、走向、面积大小、水深等各方面的环境条件时，要考虑黄鳝健康生长的生态习性需求，提高水体的生产力，创造较好的生态效益、经济效益和社会效益。根据黄鳝习性、养殖模式、疫病防控和便于管理的原则，对养殖场进行合理布局，做到生产基础设施、养殖生产、水质调控系统、质量安全管理等一体化。同时就当前生产及近期打算，对养殖场投资规模和经营内容进行合理布局，并考虑今后生产发展需要，为长远规划留有余地。

（一）养殖池设计

黄鳝养殖池的形状可因地制宜，圆形、方形都可以，如果自行修建养殖池，可建成长方形，长宽比约为3∶2。鳝池最好背风向阳，以东西走向为宜，鳝池坐北朝南，冬季能挡北风，夏季东南两面风通畅。以 5～10 亩为宜，水面太小，水质变化频繁，不利于黄鳝生长；太大，换水难，操作不便；风浪大，不符合黄鳝的生态需求；水深1～2 米。在池塘的西南边栽种绿树，绿树可遮西晒，池顶上方树冠、藤蔓能遮阳。

（二）进水、排水和净水系统的设计

黄鳝的排泄物、食物残渣，对水体的污染严重，养殖黄鳝需要经常换水，用水量大，因此养殖黄鳝应考虑好水源，规划好进水处理池、进排水系统和污水处理池。

1. 水源

黄鳝养殖的用水量大，水源可因地制宜地选择江河、溪流、湖泊、地下水等。

2. 进水处理池

为了保证改善水质，可建进水处理池，即蓄水池。江河水、井水经过半日储存和阳光照射，可减少温差，改善水质。一般建 2 个进水处理池，用以轮替交换供水，使蓄水有充足的时间沉淀、曝气、平衡水温，达到养殖用水的要求。黄鳝养殖池需要常换水，尤其在高温时节，每 2～3 天要换水一次。一般 100 平方米的养殖池每天需 15～20 立方米的水，可根据养殖规模修建大小适宜的进水处理池。进水处理池一般建在养殖场的较高处，进水处理池的池底高于鳝池进水槽底部，并分别与进水槽以管道阀门相连通，需要换水时，开启阀门，即可自换流水。

3. 进、排水系统

进、排水系统由进排水管道、渠道和水泵等构成，进排水系统是连接水源地、进水处理池、养殖池和污水处理池的水系统通道。进排水系统设计好了既方便使用，还可具备防逃、集污、增氧和自动微调等功能。进排水系统必须严格分开，以防自身污染。

进水系统：水源地进水管、蓄水池处的进水管，一般采用直径110毫米的塑管。在高于蓄水池处的水源地安装进水总管，或者用水泵直接将水泵入蓄水池也可。距蓄水池底3厘米高处安装鳝池总进水管，总进水管再经变通管，将粗管变为直径37毫米的细塑管，作为各池的进水管。总进水管口安装金属防逃网和栏网，可以阻拦杂草、杂物、敌害生物和野杂鱼进入，同时也能防止黄鳝逃跑。鳝池的分进水管上装有阀门以调节流量。每口鳝池的封闭式进水管沿防逃倒檐安装，在分水管一侧密钻细水孔（孔径约2毫米）。调节阀门，流量小时，分水管淋水；流量大时，分水管射水。分水管的出水都落在环形食台上（距泥表15厘米左右），在调水的同时能冲刷食台。轮流微灌各地，相当于每池隔两天能整体换水一次。可保持水质清新。

排水系统：排水口与进水口成对角位置，使鱼窝内无死水角。排水口以排干底层水为宜，位置相对较低。排水口直径比进水口直径略大，以使池内进排水时形成微水流。排水口可多设几个，在暴雨天气，能保证及时排水，保持水位基本稳定，防止黄鳝逃跑。每个排水口安装金属防逃网和栏网，可以阻拦杂草、杂物、敌害生物和野杂鱼进入，同时也能防止黄鳝逃跑。也可利用水泵将水排出，不过要将水泵周围用滤网包围，否则容易堵塞。根据连通原理，水位调节管可自动排水。无论采取何种排水方式，都要注意做好黄鳝的防逃工作。

进水处理池、进水系统、排水系统修建好后，需要灌满水浸泡20天，再彻底换水后才可投入使用。

4. 污水处理池

水产健康养殖场应建造污水处理池，即净化池，可减少养殖废水对周围环境的污染以及防止污染养殖场本身的水质。污水处理池一般建在较低处，便于排水。建好净化池后，定期往水中投放微生态制剂，养殖废水的水质能得到有效改善。一般可在养殖废水净化池中种植水生植物，用于净化养殖水体。利用黄鳝的粪便等有机肥培养水生植物，既能改善池塘水质，还能美化环境。池中种植莲藕、茭白、菱角等经济植物，还能创造经济价值，实现物质的循环利用。

(三) 道路设计

根据养殖规模和运输需要，路宽可为 2～4 米。道路两边配置相应的绿化及必要的照明设施，改善环境，保证生产安全。

二、养殖区建设

(一) 网箱的搭建

1. 网箱的选择

养殖黄鳝的水面一般为 5～10 亩，风浪不大，因此可选择较简单的网箱。网箱可从市场购买，也可购买网片缝制。一般采用无结节网片，无结节网片相对有结节网片有更好的过滤性、更便宜且不易伤害黄鳝表皮。网箱常用聚乙烯网片，这种网片具有良好的柔韧性，在水中不易被腐蚀，不需要定期暴晒，吸水少，刷洗方便，大大降低管理难度。衡量聚乙烯网片质量的标准是网质、网条松紧、网眼大小的均匀度，一般有一定韧性、无异味，网条紧，网眼大小均匀的网片是好的网片。网片选择还需考虑养殖的黄鳝的规格和网箱的净水能力，网眼太小不利于水体交换，网眼太大又不具备防逃作用，一般选用 10～30 目的网片。

网箱太小不利于在箱内形成小的生态环境，而网箱太大又不利于饲养管理和捕捞。养殖黄鳝的网箱的长宽比例与面积，可根据池塘形状、大小设计与选择，一般每口网箱面积在 9～20 平方米。网箱一般高 1.5 米，网箱在架设时，可高出水面 50 厘米左右，具备一定的防逃作用。

2. 网箱的布局与架设

网箱占池塘面积的比例要综合考虑水源供给、池塘承载能力、水质情况、饵料条件和经济产出，一般网箱面积占池塘总面积的 30%～60%。网箱在池塘中以"一"字形或"品"字形排开，每排相隔 2～3 米，排内箱距 1～1.5 米，网箱距塘埂 2～3 米。网箱间采用适宜的间距，方便日常管理和渔船穿行，有利于水体交换和黄鳝生长。如果搭设栈桥，也有足够的空间。

框架式网箱和无框架网箱在架设时，都要在网箱四角打桩，木桩、竹桩或钢铁桩形成固定的支撑架。一般要选择在池中不易腐烂，在风雨中也能支撑起网箱的稳定材料作支撑架，支撑架上最好有节、凹陷或突出，便于网箱的固定。在雨季，池中水位可能发生变化，网箱的位置也应随之上调，因此支撑架一般高 2～3 米，为以后网箱的升降留余地。

将网箱上、下四个角水平固定在木桩或竹桩上，尽量拉伸、拉紧箱体。缝制长条形的网袋，将大小均匀的河卵石或石条装入网袋，制成"石笼"，放在箱底的四条边上，用以固定箱底。网箱浸水深度 60～80 厘米，顶部高出水面 40～50 厘米，底部距池底 40～50 厘米。网箱内水位要根据环境变化而变动，夏天天气炎热，水位可高些，而冬天则可放掉水，箱底贴泥，让黄鳝在底泥中过冬。

（二）食台、栈桥的搭建

1. 食台

食台是供黄鳝摄食饲料的小台。食台搭建可根据实际情况和养殖效果，选择天然食台或者搭建人工食台。

养殖水面培植的水草可作为黄鳝的天然食台，只需要在喂食时，定点投在水草上，在黄鳝用食完毕，注意冲洗。

人工食台一般用木板制成框状。设计的食台为高 0.1～0.2 米、边长 0.4～0.6 米的木框，框底和四周用聚乙烯网片或密网绢布围成，食台固定在箱内水面下 0.1 米处。

一般每 10 平方米左右的网箱设置 2～4 个食台，便于黄鳝吃食，减小黄鳝抢食难度。

2. 栈桥

网箱可并排设置在池塘中，两排网箱中间搭栈桥供人行走及投饲管理。栈桥对于规模养鳝较为重要，它是供管理人员在较多网箱之间进行操作的纽带和桥梁。栈桥可用木桩、竹桩搭成，桥面宽度和所用材料可因地制宜，就地取材，只要能使管理人员在桥上顺利进行各项操作。

（三）增氧设备

网箱养殖黄鳝养殖密度较高，尤其在高温天气，适时增氧能改善水质、减少鱼病。有条件的鳝池，可安装增氧机，增氧机能将溶氧饱和的表层水翻滚到底层，将底层水翻滚到表层，使底层水的有毒有害物质分解、厌氧菌的生长受抑制、溶氧增加，从而提高池水的溶氧、改善水质。一般 5～6 亩水面配备 1 台增氧设备即可满足需要。

采用碘钨灯为光源，促使鳝池内的植物进行光合作用，也是提高水体溶氧量的一个办法。

第三节　配套设施建设

一、进、排水系统

养殖场进、排水系统必须严格分开，以防自身污染。进、排水系统由水源、水泵房、进水口、各类渠道、水闸、集水池、分水口、排水沟等部分组成，进水水源经过蓄水池、净化池后进入养殖水体，进水口应高出水面，产生迭水，自动增加水体溶氧，进水口与排水口应对角设置。排水口高度应低于池底以能排干底层水为宜。养殖废水必须经过处理后达标排放。进、排水口都要安装栏网，防止鱼类逃逸；进水口的栏网还有阻拦杂草、杂物和敌害生物进入的作用。

二、增氧设备

溶氧是水产养殖的限制性因子。养殖过程中，一般放养密度较大，对水体溶解氧要求较高。因此，根据养殖规模和黄鳝特性，应配备足够数量的增氧设施。

三、饲料和药品仓库

根据养殖生产需要，选购投饵机、饲料粉碎机、搅拌机、绞肉机及各种容量的冰箱，混拌饲料的盘、缸等容器来加工、投喂饲料。存放饲料的仓库应保持清洁干燥，通风良好。饲料必须来自经检验检疫机构备案的饲料加工厂，饲料质量符合 GB 13078《饲料卫生标准》和 NY 5072《无公害食品　渔用配合饲料安全限量》的各项要求。配备药品专用仓库，主要用于渔药的保管和配制。

四、实验室

配套实验室 2～3 间，配备显微镜、解剖镜、多功能水质分析仪、pH 计、高压灭菌锅、培养箱、无菌操作台等相关仪器、设备，进行养殖水质常规分析和鱼病检测。

五、档案室

生产管理档案室，用于保存相关的生产和技术档案资料，档案室面积 12～15 平方米，并配备必要的档案柜、干湿度计和吸湿机等设备。

六、值班室

设立值班室，供养殖值班人员专用，值班室面积 10～15 平方米。

七、电力配置

必须保证养殖场正常生产所需用电，电力设施为 380 伏，配备独立的变电、配电房，确保线路安全可靠。

八、环境保护

所有养殖业副产品、生产生活垃圾应分类收集，并进行无害化处理。每个养殖场应建设一个面积 5～10 平方米的发酵池，发酵和循环利用有机垃圾。对养殖过程中产生的水生动物尸体收集消毒、实施无害化处理。

第四节   管理体系

一、工作人员

养殖场主要负责人应具有 4 年以上水产养殖及管理的经验，并持有渔业行业职业技能培训中级证书；配备 2～3 名水产养殖质量管理员、2～3 名持有渔业行业职业技能培训初级证书的检测人员，主要负责检测和病害防治实验室工作；根据需要配备养殖工人。

二、管理制度

建立健全生产管理、财务管理、人事管理、值班管理、渔药与饲料保管、安全生产和应急管理等规章制度，明确岗位职责。

三、安全生产制度

安全生产制度包括人员安全、设施安全、环境安全、生产安全和产品质量安全。水产养殖应符合 DB 31/T348《水产品池塘养殖技术规范》的要求；配合饲料的安全卫生指标应符合 GB 13078《饲料卫生标准》和 NY 5072《无公害食品　渔用配合饲料安全限量》的规定，鲜活饲料应新鲜、无腐烂、无污染；药物选用应按照 NY 5071《无公害食品　渔用药物使用准则》和中华人民共和国农业部公告第 193 号的规定执行。

四、可追溯制度

按 DB 43/T 634 的规定建立养殖生产档案，记录养殖生产管理、投入品的使用、疾病防治措施、用药处方、防治效果、水产品销售等过程，以利于水产品质量溯源。

第四章 黄鳝的人工繁殖

关于黄鳝的人工繁殖，科技工作者进行了较多的研究和试验，并已取得了很多成功的经验。但是，目前的繁殖成功以实验室为多、以小规模的繁殖为主，大规模生产鳝苗方面还存在较多问题，这里面有科研储备问题，如解决受精率和孵化率不高等问题，也有黄鳝怀卵量小、出苗少、亲鳝成本高等导致繁苗经济效益差的问题。当前黄鳝规模化养殖发展较快，市场呼唤批量的种苗生产，也引起有关方面的重视，为了使规模性繁苗工作尽快突破，本章特将迄今已取得的成绩和经验加以介绍。

第一节 黄鳝的繁殖生物学

一、黄鳝成熟系数与怀卵量

(一) 成熟系数

成熟系数通常是指性腺（卵巢或精巢）重量与体重之比，即：成熟系数（％）=性腺重量（克）/鳝体空壳重（克），其实质是说明黄鳝性腺发育的程度。黄鳝的成熟系数随季节而发生变化，湖南地区的黄鳝在 4 月下旬的成熟系数为 1.33％，从 5 月中旬开始，性腺发育迅速，至 6 月下旬成熟系数达 22.2％，也就是说，黄鳝临产前的雌鳝成熟系数为 20% 左右。从性腺发育角度看，4 月前，性腺处于 II 期前后。4、5 月完成 III、IV 期发育，6～7 月，在条件适宜时，迅速发育成 V 期，并进入产卵期。据研究，周年内雌鳝成熟系数变化范围为 0.1%～22%，雄鳝成熟系数变化范围是 0.04%～2.75%。

(二) 怀卵量

怀卵量就是怀卵的数量，它反映生物体的繁殖能力。黄鳝的怀卵量较小，有人对 80 余尾体长 13～46 厘米、体重 16.5～99.5 克的雌体进行检测，个体怀卵量为 172～891 粒，平均为 261 粒，为四大家鱼的 1/10 左右。韩名竹等人于 1987 年 6 月下旬对南京地区的 33.0 厘米以上的雌鳝进行了解剖，个体怀卵量为 410～650 粒。从以上两例检测情况看，黄鳝的怀卵量，随个体大小而不同，一般为 170～650 粒。尽管怀卵量小，但由于黄鳝有特殊的保证孵化率的措施（如亲鳝的泡沫和护幼习性），自然状态下，从精卵的受精到受精卵的孵化率、仔鳝的成活率都很高，同样可以产生较多的后代，供种群衍续，这是黄鳝在长期进化过程中立足于生物界的重要保证。

二、繁殖情况及环境条件

黄鳝每年只繁殖一次，在每年的 4～8 月，盛期为 5～6 月，其产卵周期较长。黄鳝的繁殖季节到来之前，亲鳝先打繁殖洞。一般洞打在田埂边，洞口通常开于田埂的隐蔽处，洞口下缘 2/3 浸于水中，分前洞和后洞。前洞产卵，洞长 10 厘米处比较宽阔，上下高约 5 厘米，宽约 10 厘米。后洞则细长，作隐蔽栖身。在较大的水体中或在不方便打洞的水域，亲鳝寻找茂密的水草、水草根、瓦砾、石缝等可隐蔽的物体做巢。

三、自然性比与配偶构成

黄鳝生殖群体在整个生殖时期是雌多于雄。其中 2 月雌鳝占 91.3%，6～8 月雌鳝产过卵后性腺逐渐逆转，到 9 月雌鳝逐渐减少到 38.3%，10～12 月雌、雄鳝大约各占 50%。在秋、冬季节，人们捕获黄鳝捉大留小，因此开春后仍是雌多雄少。黄鳝的繁殖，多数属于子代与亲代配对，也有与前两代雄鳝配对。但在没有雄鳝存在的情况下，同批黄鳝中就有少部分雌鳝逆转为雄鳝后，再与同批雌鳝繁殖后代，这是黄鳝有别于其他动物的特殊之处。

四、自然产卵与孵化

性成熟的雌鳝腹部膨大呈浅橘红色（也有灰黄色），有的亲鳝有一条红色横线。产卵前，雌、雄鳝吐泡沫筑巢，然后将卵产于洞顶部掉下的草根上面，受精卵和泡沫一起漂浮在洞口。受精卵黄色或橘黄色、半透明，卵径（吸水后）一般为 2～4 毫米。亲鳝，特别是雄亲鳝有护卵的习性，一般要守护到鳝苗的卵黄囊消失为止。亲鳝吐泡沫做巢一般有如下作用：一是使受精卵不易被敌害发觉，保护鳝卵；二是使受精卵托浮于水面，而水面则一般溶氧高、水温高（鳝卵孵化适宜水温21℃～28℃），有利于提高孵化率；三是亲鳝吐的泡沫中，有对鳝卵孵化起着重要作用的物质，目前尚未确认是何种物质。黄鳝卵从受精到孵出仔鳝，一般在 30 ℃左右水温中需要5～7 天，25 ℃左右水温需要 9～11 天。自然界中黄鳝的受精率和孵化率均可达 95%～100%。

第二节　黄鳝的全人工繁殖

要搞好黄鳝的人工繁殖，首先必须弄清楚黄鳝的自然繁殖习性及其对相关生态环境的要求，然后根据黄鳝自然繁殖习性进行人工繁殖。

一、繁殖季节及繁殖行为

在我国长江流域一带，每年5～9月为黄鳝的繁殖季节，产卵盛期在6～7月，但随着天气的变化，亲鳝也可以提前或推迟产卵。当雌鳝所怀卵粒发育到呈游离状态时，其高突的腹部便呈现半透明的桃红色。此时雌鳝表现极为不安，常出洞游寻异性，一旦发现有雄鳝跟踪，便回头相迎，一起回洞筑巢。黄鳝的生殖行为为"一夫一妻"制，如果此时另有雄鳝靠近纠缠，原雄鳝即会发起猛烈攻击。一般情况下是来犯者退避而离，也有更强悍者取而代之的。有人曾发现过一种有趣的现象：这类避离者和战败者并没有完全放弃它们的追求对象，一旦雌鳝排卵，它们仍一起冲上，向卵排精。

二、繁殖洞的建造

亲鳝产卵的繁殖洞具有"隐蔽、护卵、防沉、供氧"等作用。它不同于一般的黄鳝居住洞。繁殖洞一般建于很隐蔽的田坎、塘坎的草丛下，洞口呈宽敞的水平面"洞天"，深10～15厘米、宽5～10厘米、高约5厘米，天、水各半，与洞身相接，活像一头狮子张着嘴，口、喉分明。该洞结构具如下功用：①口面开阔，便于雌、雄亲鳝同时产卵、排精，不至于因拥挤而损坏浮卵泡沫；②便于亲鳝水下进出，而不碰到水面上的浮卵；③便于水下防卫，攻击来犯者；④便于减小浮卵的动荡，由于洞三面连接土壤，土壤对水波的反作用力减缓了外界水波的影响；⑤避免了阳光的直射；⑥避免了冷风的侵袭，稳定了孵化温度；⑦万一受精卵粒下沉，由于水深不过2～3厘米，且水上有充满空气的"洞天"供氧，不会造成受精卵粒窒息死亡。

三、亲鳝的雌、雄比例

在自然状况下，亲鳝的雌、雄比例往往处于失调状态。整个繁殖期一般是：前期雌多于雄；中期趋于平衡；后期雄多于雌。这就是前期出现"抢亲"，后期出现"一妻多夫"的原因。野生状态的自然繁殖，基本上是子代与亲代交配，也有少量是子代与前两代雄鳝交配的。如果雌鳝没有找到配偶，一般不会排卵，如果成熟后长达半个月仍无配偶，或是天气转凉，丧失了孵化条件，雌鳝就不再产卵，所怀卵粒将全部被自身吸收。这类雌鳝将在第二年繁殖期的前期产卵。如果鳝群中根本没有雄鳝，而成熟雌鳝较多时，其中将有一部分雌鳝提前转化为雄鳝，并与同龄雌鳝配对繁殖，这类同龄配对鳝的受精率低，孵化率低，后代个体小，发育也较慢，不宜捕取做种。

四、产卵与孵化

雌鳝每年产卵1～2次，高者可达3次。产卵前，雌雄亲鳝共同吐泡沫筑巢，所吐泡沫有一定的黏性。雌鳝将卵粒产于泡沫，由于刚产生的卵稍有黏性，所以很容易被泡沫所黏附，加上精液的悬浮作用，卵粒很快被悬浮于泡沫之下，一旦卵粒吸水膨胀，即使卵粒完全失去了黏性，也不会落入水底。雄鳝排精非常及时，在雌鳝刚产出数粒卵时即开始排精，准确无误地排向卵粒，将卵粒托住，并与泡沫粒结合在一起。雌鳝产完卵之后，即离繁殖洞而去。雄鳝有很强的护卵护仔的习性，护卫期间，即使受到较大的干扰，也不离去，甚至会向干扰者发起猛烈攻击。

黄鳝卵粒从排出受精到孵出仔鳝的时间差异较大，在一般天然条件下，水温为 25 ℃～31 ℃时，5～7 天可孵出；水温为 18 ℃～25 ℃时，8～11 天可孵出；超过 11 天仍未孵出者，将不可能再孵出仔鳝。

在人工孵化条件下，黄鳝胚胎发育适宜水温为 21 ℃～28 ℃，最佳水温为 24 ℃～26 ℃。孵化时间的快慢，除了与水温有关外，还有一个重要的影响因素——溶氧量。水体溶氧量充足，孵化时间较快，仔鳝发育正常；如果水体严重缺氧，即使其他条件都很好，也不可能孵化成功。

清新的水质对提高孵化率有很大的影响，绝不能用农药或工业污染的水作孵化用水，最好建蓄水池或安排专用池提供孵化用水，且引用前要过滤以防敌害生物和污物进入，影响孵化率。水的 pH 值以中性或略偏酸性为好。

在人工繁殖条件下，较大的敌害生物易被清除（如蝌蚪、小鱼、小虾），但体形较小的剑水蚤等却容易被忽视。事实上，剑水蚤对鳝卵和仔鳝构成较大威胁，它们能用附肢刺破卵膜或咬伤鳝苗，进而吸吮鳝卵、鳝苗的营养，受害的鳝卵、鳝苗很快死亡。对付剑水蚤的最好办法是将孵化用水进行过滤，过滤网安装在进水口处。

五、亲鳝的选择

（一）黄鳝亲本的来源

黄鳝亲本主要来自三个方面。一是在天然水域中捕捞，包括池塘、沟港、湖泊、河流和稻田中均可捕捞。渔具要采用鳝篓（竹篓）和鳝笼及其他定制网具，进行诱捕，以免鳝体受伤。二是到市场上采购。采购时要注意选择无伤、无病、活力强、个体较大的黄鳝，体色要鲜艳，有光泽，并注意口内绝不能有鱼钩，受过钩伤也不行；

还要注意雌、雄搭配。三是从养殖场中挑选符合要求的黄鳝做亲本，进行重点培育。

捕捞和采购亲鳝，在夏初就可进行。尤其是捕捞天然黄鳝，由于黄鳝有辅助呼吸器官，能吸取空气中的氧，运输较为方便，因此，夏季和秋季均可捕捞。从有利繁殖角度看，夏季，尤其是初夏捕捞的鳝，投入养殖后因有一个较长的适应过程，特别要加强喂养，往往有利于黄鳝的性腺发育。但是夏季水温高，黄鳝在捕捞和运输中常会因挣扎而受伤，相对秋季，尤其是晚秋季节捕捞的黄鳝受伤较少，但此时（秋季）捕捞的黄鳝进入繁殖场的适应期短一些，黄鳝本身在野外条件下由于食物供应不足，常处于半饥饿状态，因而性腺发育不是很好，对催产有一定的影响。

（二）黄鳝亲本的选择

黄鳝亲本是人工繁殖的基础，亲本选得好，人工繁殖才能成功。因此，要认真挑选无伤病、健康活泼、游泳快、体色鲜艳有光泽的较大个体。体色以金黄色、黄褐色较好，年龄以 2 龄为佳。雌鳝亲本选择体长 30 厘米以上、体重 150～250 克的个体较好。成熟的雌鳝腹部膨大呈纺锤形，个体较大的成熟雌鳝腹部有明显的透明带，体外显现卵巢轮廓，用手触摸腹部可感到柔软而富有弹性，生殖孔明显突出，红润或显红肿，上下嘴唇带圆形，尾巴粗而齐全。雄鳝腹部较小，几乎无突出感觉，两侧凹陷，体形呈柳条状或呈锥形，腹面有血丝状斑纹，生殖孔不明显，但显红润或红肿，用手挤压腹部，可挤出少量透明状精液，在高倍显微镜下可见活动的精子。雄鳝上、下嘴唇尖，尾巴也尖。

（三）雌雄鉴别

如前所述，同一尾黄鳝除存在着雌性阶段和雄性阶段外，中间还存在着一个介于雌雄性状之间的雌雄间体阶段，雌雄间体阶段的鳝是不能参与繁殖的。亲鳝的鉴别和选择可从个体规格、外部形态等方面进行。

1. 从外部形态鉴别

在繁殖季节来临时，黄鳝均会表现出特殊的形态。

（1）雌鳝特征　此时的雌鳝腹部膨胀，呈半透明粉红色，生殖孔红肿，并呈膨大状态，若手握雌鳝对着阳光或其他光线观察，可见腹内的卵粒。此外，此时的雌鳝与雄鳝比较，头部细小不隆起。

（2）雄鳝特征　雄鳝的腹部几乎无突出表征，腹部有网状血丝分布，生殖孔也表现红肿，稍有突出。若手握雄鳝，使其腹部向上，在光线下看不到体内组织。与雌鳝不同的另一方面，此时的雄鳝头部较大而隆起。

2. 从规格大小方面鉴别

在非产卵期，雌雄鳝外观上较难鉴别，因此可结合前面已叙述的雌雄个体的规格大小方面的规律进行。一般来说，亲鳝在规格方面的规律较为明显。

（1）全长24厘米以下的个体，均为雌性。

（2）全长24～30厘米的个体，雄性仅占5.2%。

（3）全长30～36厘米的个体，雄性占41.3%。

（4）全长36～42厘米的个体，雄性占90.7%。

（5）全长50厘米以上的个体则全为雄性。当然，自然状态生长的黄鳝，在营养不良时，性成熟时的规格会大一些。

从上述可知，选择雌性亲鳝应为24厘米以下的个体，选择的雄鳝应在40厘米以上。在体重方面，一般认为，雄性亲鳝应在200～500克为好。

3. 从体表颜色等方面鉴别

（1）一般来说，苗种期的鳝均为雌性，只有到一次繁殖后，体长 24 厘米时开始进入性逆转。此阶段鳝体色多为青褐色，无色斑或微显 3 条平行褐色的白色素斑。

（2）40 厘米以上，黄鳝基本完成性逆转过程，雄性的比重大或全为雄性。此时的鳝体呈黄褐色，色斑较明显，常有 3 条平行带状的深色色斑。

（四）雌雄比例

一般情况下，黄鳝亲本的雌、雄比例为 2∶1。为了提高黄鳝繁殖的受精率，也可采取雌、雄各半的搭配比例。

六、亲鳝的培育

主要是对参与繁殖的雌雄个体进行人工喂养，使其性腺达到成熟，使其顺利进入催产阶段。亲鳝培育的程度直接影响受精、孵化和出苗等方面的效果。目前，亲鳝的培育多采用专池单养，强化饲养管理的方法。

（一）亲鳝池的选择与清整

1. 亲鳝池的选择

亲鳝池应选择在通风、透光、靠近新鲜水源（如河沟、湖泊等天然流动水体）、排灌方便、环境安静的地方。亲鳝池最好是水泥池，也可以用土池。池的面积应根据繁殖规模来确定，一般面积 10～20 平方米，深约 1.0 米，池底用黄土、沙子和石灰混合物夯实后，铺以较松软的有机土层 20～30 厘米。亲鳝池要栽植部分水生植物或喜湿的陆草，水泥池围墙高出水面 60～70 厘米。

2. 亲鳝池的清整

亲鳝放养前应对鳝池进行清整，清除过多的杂草，排出陈水，如果池底有机质过多，可泼洒少量生石灰水，保持池底有一定的起伏，不要过于平坦。还要维修进、排水系统和防逃设施。

（二）亲鳝的放养

选择已达到或接近性成熟、体质健壮的黄鳝放入池中，雌雄个体比例按 1∶2（若自然受精，则雄多雌少）或 2∶1（若人工授精，则雄少雌多）进行，每平方米放 8～10 尾。在实际生产中，亲鳝往往是分期分批进行投放。另外，可在亲鳝池中放养部分小泥鳅。以清除池中过多的有机质，改善水质，并在饲料供应不足时，为亲鳝提供活饵。有人提出，亲鳝的培育以雌、雄分池饲养为好，便于检查成熟程度。

（三）饲料投喂与水质管理

1. 饲料投喂

在亲鳝培育中，饲料一般以动物性新鲜高蛋白饲料为主，因亲鳝在发育阶段对蛋白质需求量特别大，主要投喂蚯蚓、蝇蛆、黄粉虫、螺蚬蚌肉、杂鱼浆、蚕蛹等。辅喂少量饼粕、豆腐渣等植物性蛋白饲料。日常投饵量视天气和鳝鱼吃食情况而定，以保证亲鳝吃好、吃饱为原则。一般日投量占亲鳝体重的 5% 左右。

2. 水质管理

水质管理也是亲鳝培育中的一条重要措施，尤其是保持水温相对稳定很重要，由于黄鳝的繁殖季节为每年的 5～9 月，根据投放亲鳝的批次不同，亲鳝的产前培育期以 4～7 月为主。4～5 月，一般每周换水 1 次；6～7 月，一般每周换水 2～3 次，每次换水量为池水总量的 1/3 左右。当然，对换水应灵活掌握，当池水水质浑浊、有异味、黄鳝摄食量减少时，应随时排出老水，注入新鲜清洁的新水，总之，要保持水质的"肥、活、嫩、爽"，肥是相对的肥，即有一定的肥度即可。但不管在哪个月份，亲鳝临近产卵前 10～15 天应增加冲水（水流刺激）次数，可每天冲水 1 次，冲水时间不宜过长，以防亲鳝逆水溯游而消耗过多体力，减少体内营养的储备。

（四）日常管理

1. 坚持早、晚巡池

亲鳝培育要坚持每天早、晚巡池，临近产卵或遇天气变化，夜间也应巡池。巡池的目的，是通过观察亲鳝的摄食、活动情况，观察天气变化和水质变化情况，以便及时发现问题，尽快采取对策。

2. 防止逃窜

亲鳝个体大，逃跑能力强，晚上出洞觅食很容易从破裂的围墙洞穴或进排水管道中逃出，为此，平常要注意观察，发现漏洞，及时填补。暴雨后，鳝池水位上涨，使防逃墙相对变矮，有时黄鳝也能从墙上逃走，对此要提高警惕。

3. 鳝病防治

春季黄鳝容易感染水霉病，夏季容易出现细菌性传染病。平时应定期消毒池水和工具，并有针对性地投喂药饵，发病时应隔离病鳝，及时治疗，有关疾病的防治方法将在后面的章节里作专门介绍。

七、催产和催产剂

1. 催产亲鳝的选择

选择性腺发育好即成熟度好的亲鳝，是催产成功的关键。

2. 催产剂的选择

黄鳝的人工催产方式，基本同四大家鱼的催产方式。所用催产剂有鲤科鱼类垂体、人工合成的促黄体生成素释放激素类似物和绒毛膜促性腺激素三种。

（1）鲤科鱼类垂体（PG）

属于鲤科的如鲤、鲫、青、草、鲢等鱼的垂体，对黄鳝的催情产卵均具有良好的效果。特别是接近性成熟的鲤科鱼类垂体效果更佳。其采集方法如下。

1）采集季节。采集垂体，最好是在冬季和春季鲤科鱼类产卵前进行。在低温季节进行，一方面是病毒、病菌性污染少，另一方面是垂体质量较好。

2）采集方法。用快刀砍开鲤科鱼类两眼上缘之间的头盖骨，暴露鱼脑并将白色鱼脑翻开，位于前下方的一个小白色软体即为垂体。垂体上有一包膜，小心用针挑破包膜，便可取出垂体。除去垂体周围的附着物，放入盛有10倍于垂体的丙酮或无水乙醇小瓶中脱脂及脱水，经6～8小时后换一次药液。12～24小时后取出，晾干，密封后放入干燥器中保存备用。也可直接采集新鲜垂体直接使用。雌、雄鲤科鱼类的垂体具同样的催产效果。

（2）促黄体生成素释放激素类似物（LRH-A）

商品名称为"鱼用促排卵素2号"，该剂呈白色粉末状，用安瓿瓶密封包装，应放在避光干燥处或低温条件下保存，有效期为3年。该剂易溶于水，稀释后的药液可保存1个月左右，是一种使用方便且高效的催产剂。

（3）绒毛膜促性腺激素（HCG）

为白色或淡黄色粉末，是由怀孕2～4个月的孕妇尿液经分离提纯后制备而成的。该剂易吸潮，遇热后容易变质，应放在阴凉或低温处干燥保存。稀释后的药液不稳定，不宜保存，只适于现配现用。

3. 催产剂用量和效应时间

（1）催产剂的用量

根据各地多次试验和生产实践，催产剂的用量稍微加大一点较为合适，每克鳝鱼体重一次注射促黄体生成素释放激素类似物 0.1～1.0 微克，催产排卵均有效，但以 0.3 微克/克体重的剂量最为适宜。一般尾重 15～20 克的雌鳝，注射 LRH - A 5～10 微克；尾重 50～250 克的雌鳝，注射 LRH - A 10～30 微克。采用绒毛膜促性腺激素，每克鳝体重剂量为 1～5 国际单位均有效，但以 2～3 国际单位/克体重催产较为适宜。垂体使用量一般为：体重 20～75 克的雌鳝 1～3 尾，为 0.5～2 毫克。

LRH - A 和 HCG 对黄鳝的催产效果与黄鳝性腺发育成熟度密切相关。在 5 月上旬繁殖季节刚开始，激素引起排卵的效应不明显。6～7 月繁殖盛期，激素诱导排卵的效应就比较明显。8 月卵巢逐渐退化，对激素反应微弱，诱导排卵效果比较差。应根据不同季节和卵巢成熟程度酌情增减催产剂量，一般雄亲鳝为雌亲鳝用量的一半。

（2）效应时间

采用 LRH - A HCG 对亲鳝进行催产，效应时间为 1～8 天。效应时间和催产剂量没有多大关系，但与注射次数及当时水温有密切关系。试验表明，运用 LRH - A 催产，使用相同的剂量，在 23 ℃的水温条件下，一次注射效应时间为 83～160 小时，而多次注射可缩短到 23～81 小时。水温与效应时间的关系更为密切。一般水温在 27 ℃～30 ℃时，效应时间在 50 小时以下；而水温低于 27 ℃时，效应时间会提高到 50 小时以上。

4. 催产剂的配制

LRH - A 和 HCG 均为白色结晶体。使用生理盐水溶液将其充分溶解后，按 LRH - A 0.3 微克/克体重、HCG 2～3 国际单位/克体重精确计算和配制剂量，吸入注射器内备用。每尾亲鳝注射量一般0.5毫升为好，多的不超过1毫升。催产剂的注射液要随配随用，不能放置太久。如果采用二次注射，第一针注射后，剩余的催产药液可存放于冰箱（冰柜）中，下一针注射时可以再用。如果无冰箱（柜），第二针的注射液则要在注射时配制，随配随。

5. 注射方法

针筒和针头等注射器具要经过严格的消毒，一般煮沸30分钟。注射时，一人注射，另一人用毛巾或纱布握住黄鳝，擦干注射部位的水分，相互配合。

注射部位有体腔注射和肌内注射两种。体腔注射是一人用毛巾或纱布将黄鳝包住，双方将鳝体固定，露出腹朝上，另一人将针头朝黄鳝头部方向，与鱼体保持45°～60°角，于卵巢前方刺入体腔中0.5厘米，不要伤及内脏，慢慢地将注射液推入黄鳝腹中，抽针头时用酒精棉花球紧压于针眼处，抽出后轻轻揉动以避免注射液流出，这样做还能起到消毒的作用。针头既不能刺入太深，以免刺伤内脏，又不能插得太浅，使针头容易脱开，达不到效果。肌内注射是选择在侧线以上的背部肌肉处，注射时，一人用毛巾或纱布将黄鳝握住，使其侧卧于毛巾上，针头朝头部方向刺入0.5～1.0厘米，慢慢将注射液徐徐推入肌肉中，针头拔出后亦用酒精棉花球消毒。上述两种注射方法以体腔注射采用较多，其效应较快，效果较好。

八、人工授精

亲鳝注射催产剂之后，马上分雌、雄放于网箱或水族箱中暂养。箱内盛水不宜太深，也不能太浅，保持在20～30厘米即可。每天需换水一次，每次约1/3。水温在25℃以下时，注射催产剂40小时后，每隔3小时检查一次。但同一批注射的亲鳝，效应时间往往不一致，可延长到注射后的 70～80 小时。检查方法是，用手捉住亲鳝，触摸腹部，由前向后移动，如感觉到卵粒已经游离，或有卵粒排出时，则说明雌鳝已经开始排卵，可以立刻进行人工授精了。

发现雌鳝开始排卵，立即取出，一只手垫好干毛巾，握住前部，另一只手由前向后挤压腹部，部分亲鳝即可顺利挤出卵粒。但是，常常有许多亲鳝会出现生殖孔堵塞现象，此时可用小剪刀在泄殖孔处向里剪开一个 0.5～1.0 厘米的口子，然后将卵挤出，连续挤压 3～5 次，直到挤空为止。

在挤卵之前要准备好人工授精的容器，如玻璃缸、瓷盆、瓷碗等，将其擦拭干净，在卵粒挤入容器的同时，另一人将雄鳝杀死，迅速取出精巢，将其中一小块切下放在 400 倍以上的显微镜下观察，如发现精子活动正常，即可用剪刀把精巢剪碎，放在挤出的卵上，用鹅毛充分搅拌，随后加入任氏溶液 200 毫升，放置 5 分钟，再加清水洗去精巢碎片和血污，将反复清洗后的受精卵放入孵化器中进行孵化。人工授精的雌雄亲鳝比例，要视数量而定，一般为(3～5)∶1。

九、人工孵化

黄鳝的受精卵密度大于水，属沉性卵，无黏性，自然繁殖时受精卵附着在亲鳝吐出的泡沫产卵巢上，漂浮在水面孵化出苗。人工孵化时，无法得到这种漂浮鳝卵的泡沫，鳝卵会沉入水底。因此，人工孵化时，可根据产卵数量选用玻璃缸、瓷盆、水族箱、小型网箱及孵化桶等孵化。

1. 静水孵化

水位控制在 10～15 厘米。一般人工授精率较低，未受精卵崩解后，易恶化水质，应及时清除。因是封闭型容器，要注意经常换水，确保水质清新，溶氧充足，换水时水温差不要超过 3 ℃（每次换水 1/3～1/2，每天换水 2～3 次），胚胎发育过程中，越到后期，耗氧量越大，需增加换水次数（每天换水 4～6 次）。受精卵在静水中孵化，管理得当，均能孵出鳝苗。

2. 滴水孵化

是在静水孵化的基础上，不断滴入新水，增加溶氧，改善水质。具体做法是：提前一天在洗净消毒的器皿底部均匀铺上一层经清水洗淘、阳光暴晒的细沙；从水龙头接出小皮管，用活动夹夹住皮管出水口，以控制水流滴度，将受精卵转移至铺有细沙的器皿中；打开水龙头，调节活动夹至适宜滴水速度。滴水速度视孵化鳝卵多少而定，若用瓷盆，一般为 30～40 滴/分，至第四天后调至 50～60 滴/分。总之，视水温情况调控滴水。孵化的器皿最好有溢水口，要经常倾掉部分脏水。

3. 流水孵化

于木框架中铺平筛网，浮于水面上。把鳝卵放入清水中漂洗干净，拣出杂质、污物。以筛网上均匀附有薄薄一层卵块为宜，筛网浮于水泥池中的水面上，即可孵化。将鳝卵的 1/3 表面露出水面。并保持微流水，水泥池一边进水，一边溢水。若是鳝产卵较多，可用孵化桶流水孵化。孵化桶是一种孵化鱼苗的专用工具，下面底部进水，上面有网罩过滤出水，靠水的冲力把鳝卵浮在水中，水的冲力不能太大。

在孵化期间要注意观察胚胎发育情况，及时拣出死卵，冲洗掉碎卵膜等。技术得当，水温在 28 ℃～30 ℃，经过 4～5 天即可出苗；水温在 23 ℃～28 ℃，需 6～8 天出苗；水温在 20 ℃左右时，需要 10 天左右出苗。

基底铺细沙可防水霉病，还可帮助胚体快速出膜。因为正常的胚体在出膜前不停转动，活动剧烈，与细沙产生摩擦而加速卵膜破裂，使之早出膜。出膜的幼苗放入大瓷盆、水族箱及小水泥池中饲养，水深 10～30 厘米，每天换水 1/3，至卵黄囊吸收完毕，投喂煮熟的蛋黄粒或小型浮游动物，开口吃食数天后，即可放入幼苗培育池中。

【最新进展】

黄鳝养殖有望实现全人工规模化繁殖

7 月正是黄鳝的繁殖高峰期，中国水产科学研究院长江水产研究所（以下简称长江所）研究员李忠博士每天都在黄鳝繁殖箱前观察母黄鳝的各种变化，做好实验记录。

五年来，李忠在 2 省 5 市 6 家合作社（家庭农场）实现了黄鳝规模化人工催产繁殖示范运转。其中黄鳝亲本规模化产卵率达 70%（野生亲本）和 95%（家养亲本）以上；受精孵化率为 30%～95%，平均为 40%～60%。

这标志着黄鳝全人工规模化繁殖与示范取得成功，对黄鳝养殖业的持续健康发展具有重要意义。

黄鳝人工规模化繁殖立体式孵化架　李忠供图

1. 苗种稀缺，限制发展

黄鳝是合鳃鱼科黄鳝属的一种鱼类，在我国各地均有生产，以长江流域、辽宁和天津产量较多，其味道鲜美，具有极高的营养价值，近年来越来越多的养殖户加入养殖黄鳝的行列。

作为我国重要的特种经济养殖鱼类，2017年全国统计黄鳝产量为38.6万吨，基础产值超过200亿元，其中湖北省为第一养殖大省，占总产量的47.6%。

不过，苗种问题始终是横在黄鳝产业发展路上的一只"拦路虎"。"目前，黄鳝养殖产业中，苗种绝大多数来源于野生捕捞苗。野生苗数量少，捕捞损伤造成的死亡率高，适合进苗时间短且受限于天气变化，这些因素限制了黄鳝产业的扩大和持续健康发展。"李忠在接受《中国科学报》记者采访时介绍。

自20世纪80年代以来，我国科研人员不断尝试对黄鳝进行规模化全人工产卵繁殖研究，此前尚无产业应用报道。

立足养殖户的实际需求，李忠从2013年开始着手对黄鳝进行人工规模化繁殖工作。他分别在湖北省仙桃市、潜江市、天门市，安徽省来安县、广德县等地的6家合作社（家庭农场）开展了黄鳝规模化人工产卵孵化繁殖示范工作。

一路走来，实属不易。李忠在多次失败与成功的磨炼中，探索出了一套自己的规模化人工繁殖方法，并取得了可喜的进展。

2. 优势突出，实现双赢

相比其他获得黄鳝幼苗的方式，李忠开展的黄鳝全人工规模化繁殖与示范工作有三方面的优点：规模化人工产卵极大地提高了繁殖效率；车间层叠货架式微流水孵化，极大地节约了繁殖空间；集约化孵化管理，避免了环境变化对卵发育造成的损伤，提高了成活率。

在示范过程中，李忠已经注意到了另外两个影响规模化的问题，长江所已开始聚焦研究：一是怀卵亲本的营养需求；二是病害防治问题。

"第一个问题的解决，可以使繁殖场摆脱依靠野生亲本的窘境，目前市场购买的野生亲本在捕捞过程中，物理伤害造成卵在肚子中已经受到损伤，受精孵化率不稳定；第二个问题的解决有望化解卵黄苗集中死亡的难题，2017 年 6 月 10 日至 20 日，单批卵黄苗感染病毒死亡接近 500 万尾，这虽然是新生事物必经的挫折，但也给我们敲响了警钟，预示着产业化之路并不平坦。"李忠说。

李忠解释道，科学技术成功运用于产业，是众多专业领域科研人员合作的结果。繁育、养殖模式、营养需求、病害防治等系列领域知识的积累和人员配合才能促进黄鳝产业健康发展，规模化人工繁殖成功仅仅是产业发展的一块铺路砖，产业健康发展需要更多科技支撑力量。"困难和挫折一直存在，不过我坚信'星星之火，可以燎原'。"

记者了解到，市面上 100 克规格的黄鳝市场销售价格在 17.5 元/千克左右，这个价格对于老百姓来说还是偏高。对比其他特种鱼类，在李忠看来，黄鳝合理的消费价格应在 6.5~7.5 元/千克，如果降到这个合理的价格，黄鳝的总消费量应该会攀升到 70 万~80 万吨。

李忠始终认为，科技的力量应该是让普通老百姓受惠。"黄鳝苗种规模化人工繁殖这项成果有望降低终端消费价格和提高养殖户产量，可以实现养殖户和消费者双赢的局面。"

截至目前，6 家合作社累计出苗超过 100 万尾，早期孵化苗种已经顺利开口进食，长至 6~7 厘米，成活率 95% 以上。各合作社正在抓住繁殖高峰季节，加紧苗种生产。

（摘自：中国水产频道　记者 张晴丹）

第三节　黄鳝的半人工繁殖

黄鳝的半人工繁殖，就是选择亲鳝，按一定雌、雄比例投放于土池或水泥池中，或者投入养鳝池所划出的一角中，培育到繁殖季节，选出性腺发育好的亲鳝，按一定的雌、雄比例，注射药物催产，不进行人工授精，任其自行产卵、受精、孵化，随后捕仔鳝单独培育。这种繁殖方法称为半人工繁殖，简便易学，一般养殖人员均能掌握运用。

一、繁殖池的建设和改造

黄鳝的繁殖池可单独建造，也可在饲养池中划一块面积建造，土池和水泥池均可。农户小规模的家庭庭院养殖，房前屋后的坑、涵、自然塘稍加改造也可做繁殖池，但是，规模较大的专用繁殖池中必须建一个面积较小的仔鳝保护池。该池和繁殖池相隔的池壁上要多留些圆形或长方形的孔洞，孔洞处要用铁丝网等相互隔离开，使亲鳝不能通过铁丝网进入保护池而仔鳝可以通过铁丝网进入保护池，在繁殖池和保护池中应培育一定数量的水浮莲、水葫芦等水生植物，或投入一些丝瓜瓤及其他柔软多孔的东西，以便亲鳝筑巢和仔鳝隐居栖息。同时，可以模拟黄鳝在田野产卵的自然环境，人工创造一些适宜黄鳝繁殖的环境条件。根据黄鳝的繁殖特性，也可在繁殖池外的四周（要离池壁一定距离）和池中堆筑地埂，埂宽 50 厘米，每隔 80～100 厘米堆筑一条土埂，在土埂上种植一些水芹或竹叶菜，到了繁殖季节，亲鳝就可以在土埂草丛中活动，打洞穴居，筑巢产卵。

二、亲鳝的选择和培育

(一) 亲鳝的选择和雌雄比例

黄鳝的亲本来源，一是在养殖池中挑选，二是在稻田沟渠水域捕捉，三是从市场上选购。要选择体质健壮、无伤无病、体色金黄色或黄褐、游泳迅速、发育好的个体作为亲鳝。尤其要注意的是，从市场上选购的亲鳝，一定不能受伤，口腔内不能有钓钩及钓钩伤痕。雌亲鳝要选择体长 30～40 厘米、体重 150～250 克的 2～3 龄个体，成熟的雌鳝腹部饱满膨大，呈纺锤形，腹部有明显透明带，体外可见卵粒轮廓，用手触摸，腹部柔软有弹性，生殖孔突出。雄亲鳝要选择体长 40 厘米以上、体重 200～500 克、成熟度好的个体轻轻挤压其腹部，有少量透明精液流出。

雌、雄亲鳝搭配，比例一般为 2∶1 或 3∶1。这是因为雌鳝产卵量不大，无需搭配太多雄鳝。当然，为了加快成熟和提高产卵受精率，可以适当提高雄鳝的比例。根据繁殖池的面积，按上述比例适当搭配，一次放足，再进行培育。

(二) 亲鳝的培育

黄鳝半人工繁殖与人工繁殖一样，其成功与否和卵苗质量好坏均取决于亲鳝的培育。因此，必须对这一关键环节给予足够的重视，认真、精心地搞好亲鳝的培育。繁殖季节之前的一段时间，喂养以动物性饵料为主，如蚯蚓、螺类和蚌类肉以及麦芽等，以增加营养，增强体质。在繁殖季节，尤其是 5～7 月，更要加强饲养管理，保证足量的蚯蚓等优质饵料供给，以促进其性腺发育。

雌鳝产卵之后，就开始性逆转，慢慢转变为雄性。根据这一特性，雌鳝产卵繁殖后必须捕获捞起，重新调整雌雄亲鳝的搭配比例，以利于来年进行繁殖。或捕出一些雄鳝，补充一些雌鳝。

三、人工催产

到了繁殖季节，从繁殖池中选择成熟度好的亲鳝，注射激素，进行人工催产。其催产剂的种类和剂量与人工繁殖相同。一般情况下，采用 LRH - A，剂量为 0.3 微克/克体重，一次注射，效果较佳，雄鳝注射剂量应减半。如果采用 HCG，剂量为 2～3 国际单位/克；HCG 剂量为每尾 30～100 国际单位。60～250 克重的雌鳝注射 LRH - A 剂量为每尾 15～40 微克；HCG 剂量为每尾 100～500 国际单位。上述剂量雄鳝都要减半。激素的配制方法和注射方法皆同人工繁殖。

有的地方不注射催产剂催产，任其自然产卵受精，有成功的，但效果不稳定，不好把握。目前的技术水平仍以人工催产为佳。

四、产卵、受精和孵化

亲鳝注射催产激素之后，即放入繁殖池，可让其自行产卵、受精和孵化。雌、雄亲鳝在产卵之前，会吐泡沫，筑巢在杂草丛中或在繁殖池中的水葫芦、水浮莲、杂草下。雌鳝产卵、雄鳝排精于泡沫巢上，卵子受精后在适宜的水温等条件下进行孵化。也可将受精卵收集起来，在室内孵化。经 15～30 天，繁殖池中即出现仔鳝。不久，它们通过铁丝网进入到鳝苗池，此时即可进行鳝苗培育。也可以将鳝巢内出现黑点的鳝卵移入孵化池孵化，育成幼鳝。还可以用网兜捞出繁殖池中孵化出的仔鳝，投放孵化池中饲养培育。

黄鳝产卵和孵化出苗期间要加强管理。产卵期间，要尽量避免被惊扰，保持黄鳝产卵环境安静和安全。平时要巡池观察，发现情况及时处理。繁殖池换水时，切记不要猛烈灌水和冲水，要细水缓流慢慢加水，或经常不断地缓慢加水，以保持池中良好的水质和水位稳定。缓流水应首先流经另设的鳝苗保护池，再慢慢流入繁殖池。通过缓流水的刺激，可以诱导鳝苗逆水而上进入保护池。如果在饲养池中发现有新孵化的黄鳝苗，应将其诱集起来捕捞，放入鳝苗池中进行培育。

【典型案例】

世界首个黄鳝工厂化繁殖基地改写水产养殖业史

黄鳝养在雨水里，配对产卵就进"夫妻房"，还有浮莲"遮阳"、网箱"隔音"。记者走进位于常熟国家农业科技园区的黄鳝工厂化繁殖基地，在一处三联排大棚里，一条条看似并不起眼的黄鳝，其实正在改写世界水产养殖业的历史。

"黄鳝的繁殖生物学特性特殊，我和我的团队经过20多年的研究，才取得突破性进展。"我国生态养殖领域专家、上海农科院周文宗博士告诉记者，他们的"黄鳝浅水无土半人工繁殖技术"解决了长期困扰世界水产养殖中黄鳝无法人工繁殖的技术难题。2014年底，他们携此技术在常熟建起黄鳝工厂化繁殖基地。该基地占地总面积6万平方米，其中核心繁殖区为1.5万平方米，这是目前国内最大，也是全球首个黄鳝工厂化繁殖基地。据透露，该基地今年黄鳝苗种产量将达2000万尾，预计产值达3000万元。

黄鳝实行"一夫一妻"制，不同季节不同亲本"谈恋爱"的时间、密度都不一样，其繁殖对环境要求特别高，这也是野生黄鳝露天繁殖成活率不高的原因。工厂化繁育就是为黄鳝选择优质、健壮的"对象"，并为它们"谈恋爱"提供温馨的私密空间。

"我们每天早、中、晚三次走近观察每个网箱里黄鳝亲本的活动情况，看亲本有没有吐泡，有没有产卵，有没有孵化。"在常熟中泾村的一处三联排大棚里，管理人员刘汉桥蹲在一处绿色网箱前静静地观察着清澈见底的水中缓缓游动的黄鳝亲本。

刘汉桥轻手轻脚离开网箱水池后说，他每次观察与喂食都非常注意网箱内黄鳝亲本的动静，绝不打扰它们的"交流"，不然就会影响它们交配，直至影响苗种质量。

记者看到，大棚里有很多整齐摆放、规格一致的白色和绿色网箱。"养黄鳝的水稍作处理就可以饮用。"刘汉桥说。黄鳝亲本对水质要求特别高，养殖水都是雨水收集后经净化来的。

"近两年，我们又突破了黄鳝自然繁殖的时间限制，把黄鳝配对产卵的时间提前到每年2月，延长了繁殖育苗时间，苗种成活率高，成熟后的苗种就比较容易养殖。"周文宗说。目前黄鳝苗种潜在市场值每年300亿元左右，黄鳝人工养殖年产量长期徘徊在30万吨，仅占年需求量的10%。他们的技术实现产业化后，就是想把优质的黄鳝苗种提供给周围农民养殖，以常熟为基地，带动江浙沪地区农民共同致富。

（摘自：苏州报 · 作者：商中尧）

第五章 黄鳝的营养需求与饲料

第一节 黄鳝的营养需求

黄鳝需要摄食营养全面的食物来进行生长、繁殖以及其他正常的生理活动。只有满足黄鳝的营养需要，才能获得最佳的生长、最佳的产量并保持良好的健康状况，从而达到最高的利润和最佳的经济与生态效益。黄鳝具有肉质细嫩、味道鲜美、富含不饱和脂肪酸、滋阴补肾的药用价值和食用价值等特点，在国内外市场上销量大、价格高，因而在我国形成了一股黄鳝养殖热潮。因此全面了解和掌握黄鳝不同生长阶段对营养成分的需要，对提供最佳配比的饲料，提高黄鳝养殖产量和增加经济效益具有十分重要的指导意义。同其他鱼类一样，要维持黄鳝生命活动的能量供应，更新体内损坏的组织和细胞，保持身体生长和增重，都必须从外界环境中获取蛋白质、脂肪、碳水化合物、维生素和矿物质等营养物质。而且黄鳝对这些营养物质的需求量有相对固定的比例，并且这种比例也受到彼此相对含量的相互影响。黄鳝的不同生长期和生长速度对各种营养需求量也不尽相同。

一、蛋白质

蛋白质是机体组织结构的重要成分，也是调控新陈代谢和控制生命活动的关键物质。黄鳝的生长、繁殖等一系列生命活动，都要靠饲料中的蛋白质来提供物质基础。黄鳝从饲料中摄取的蛋白质，不能直接被吸收，而是在消化器官内通过酶的作用，被分解成可直接吸收的氨基酸。氨基酸在体内被吸收后，又被合成黄鳝体内蛋白，供给其生长、修补组织和维持生命活动。因此，黄鳝的生长主要是蛋白质合成加快的结果。但饲料中蛋白质的含量太高或太低，都会降低黄鳝的饲料转化率和限制黄鳝的生长速度。黄鳝对饲料中蛋白质的利用率最高为 35%，其余的蛋白质一部分用于生命消耗，另一部分作为粪便排出。不同生长时期的黄鳝，对蛋白质的摄入量不同。

　　黄鳝饲料的最佳蛋白质含量为 35%～45%，如体重为 35～37 克的黄鳝饲料中蛋白质适宜含量为 42% 左右，体重为 50～75 克的黄鳝最佳生长所需的饲料蛋白质含量为 37%。蛋白质的基本组成是单位氨基酸，主要由 20 种氨基酸组成，分为非必需氨基酸和必需氨基酸两大类，非必需氨基酸可以在体内合成，而必需氨基酸只能从饵料中获得。黄鳝的必需氨基酸有 10 种，即色氨酸、异亮氨酸、亮氨酸、赖氨酸、蛋氨酸、缬氨酸、苏氨酸、苯丙氨酸、精氨酸、组氨酸。由于大多数植物性饲料原料中缺乏赖氨酸和蛋氨酸，所以这两种氨基酸称为限制性氨基酸。因此黄鳝对蛋白质利用率的高低取决于蛋白质中各种氨基酸的比例，即饲料中可利用必需氨基酸的种类与数量越接近黄鳝的需要，其在体内的利用率就越高，反之就越低。饲料配方中氨基酸是否平衡，或者说饲料中各种氨基酸是否满足黄鳝的需求，是饲料配方必须考虑的主要因素。

　　除了保证黄鳝饲料中蛋白质的含量，还必须保证饲料蛋白质中氨基酸的最佳配比，才能保证黄鳝的正常消化和吸收，获得最佳的生长速度。这是因为饲料中蛋白质不能直接被黄鳝所吸收，而是必须分解为氨基酸后，通过肠道进入血液才能被黄鳝吸收，然后再在酶的作用下将吸收的各种氨基酸重新合成黄鳝机体蛋白质。如菜粕虽然蛋白质含量高达37%，但其氨基酸比例不适宜黄鳝的生长，即使蛋白质含量满足了也会导致黄鳝生长速度缓慢、体质较差、容易得病。氨基酸不仅是维持黄鳝正常生长、健康所必需的，而且具有良好的诱食性。如果在饲料中增添某些必需氨基酸，会大大地改善饲料的适口性，提高饲料蛋白质的利用率，增快生长速度。如黄鳝饲料中的精氨酸、苯丙氨酸添加量从0.5%增加到10.0%，黄鳝的摄食量随着添加量的增加而增加，饵料中添加1.0%的苯丙氨酸，也对黄鳝有强烈的促摄作用。同样的，如果体内氨基酸含量缺乏，也会引起相应的疾病。如果体内色氨酸、亮氨酸、赖氨酸、精氨酸或组氨酸缺乏，会引起黄鳝的脊椎骨变形。

　　此外，蛋白质不仅是构成黄鳝机体组织的主要成分，也能产生热能，同时多余的蛋白质还可以转变为脂肪储存起来。

二、脂肪

　　脂肪主要储存在黄鳝的腹腔和腹部，由脂肪酸和甘油组成。它不仅是黄鳝体内的能源物质，而且还能维持细胞膜的结构和完整性。此外，脂肪也是黄鳝体内脂溶性维生素的载体。脂肪作为能量储备物质，主要为黄鳝提供热能。每克脂肪可放出热能33.5千焦，每克蛋白质能放出热能18.6千焦，每克碳水化合物放出热能为13.4千焦，可见黄鳝体内脂肪放出的热能比蛋白质和碳水化合物分别要高1.8倍和2.5倍。

　　脂肪酸也和氨基酸一样，分为非必需脂肪酸和必需脂肪酸。非必需脂肪酸是指黄鳝体内可以自主合成的脂肪酸，而必需脂肪酸则是指黄鳝体内不能合成，必须由饵料供给，或能通过体内特定先体物形成对机体正常功能和健康具有重要保护作用的脂肪酸。如亚油酸、亚麻酸和花生四烯酸是必需脂肪酸。黄鳝对脂肪的消化率很高，脂肪被吸收后，一部分转化为能量供活动消耗，另一部分重新组合成体内的脂肪积蓄储存起来。饲料中脂肪的含量必须适宜，黄鳝才能充分地吸收和利用。如果摄入过量的脂肪，可能短时间内可以提高黄鳝的生长速度，降低饵料系数，但长期摄食高脂肪饲料，黄鳝体内的代谢系统会发生紊乱，体内脂肪的沉积就会增多，肝脏的负荷就会加重，从而产生脂肪肝，进而影响蛋白质的消化吸收并导致机体抗病力下降。反过来，如果饲料中脂肪含量不足或缺乏，黄鳝就会动用吸收来的蛋白质转化为能量而被消耗掉，进而影响饲料中蛋白质的吸收和利用，蛋白质利用率下降，同时还可发生脂溶性维生素和必需脂肪酸缺乏症，从而影响生长，造成蛋白质浪费和饵料系数升高。此外，必需脂肪酸缺乏还能导致脂肪浸润的肝大、肝白化，死亡率也相当高。处于快速生长阶段的幼鳝尤其容易出现必需脂肪酸缺乏症。因此，只有使用脂肪和蛋白质含量均适宜的饲料才能实现黄鳝养殖的最佳效果。

脂肪容易氧化和腐败，而且脂肪氧化和腐败后会产生毒性。氧化的毒性和腐败的油脂会破坏维生素 E，从而产生背变薄病，鱼体消瘦、肌肉变性，肌纤维坏死，肝细胞萎缩，从而导致黄鳝死亡率增高。因此，配制黄鳝饲料时要防止脂肪氧化和腐败。黄鳝饲料中的脂肪含量为 3%～4% 为最佳，与其他鱼类比较接近。最适合用于黄鳝的脂肪是鱼油，其次是大豆油和玉米油。

三、碳水化合物

碳水化合物俗称糖，分为可溶性碳水化合物和粗纤维两大类。可溶性碳水化合物是指能溶于弱酸、弱碱的有机化合物，主要包括单糖、多糖和淀粉，粗纤维是一种混合多糖，主要包括纤维素、半纤维素、木质素和果胶。

碳水化合物是仅次于蛋白质和脂肪的第三大有机化合物，也是自然界含量最丰富、分布最广的有机物，由碳、氢、氧三种元素构成。碳水化合物也需要在消化器官内被酶分解为单糖，才能被黄鳝机体所吸收和利用。

碳水化合物具有三大主要生理功能：一是作为体内的直接能源物质供给热量，是维持生命活动所需能量的主要来源。二是构成黄鳝机体组织的成分之一。三是作为糖原储存在黄鳝机体内，其中一部分合成肌糖原和肝糖原储存，另一部分转变为脂肪储存在体内，在停止摄饵或摄饵不足时再转化为能量来维持生命和活动，从而节约饲料中蛋白质和脂肪的消耗。此外，碳水化合物还有一些特殊的生理活性，如肝脏中的肝素有抗凝血作用，遗传物质核酸由核糖和脱氧核糖组成。

碳水化合物是最廉价的饲料能源物质，黄鳝对它的消化和吸收具有选择性，如利用淀粉、糊精等多糖比利用双糖和单糖更容易，对 α-淀粉的消化率可达89%～90%，对木质素和纤维素则吸收率很低或不能消化吸收。黄鳝饲料中的含糖量一般为24%～33%。饲料中糖水平超过一定限度会引发鱼类抗病力低、生长缓慢、死亡率高等现象，如饲料中淀粉含量过高，黄鳝血液中血糖含量就会升高而引起类似温血动物的糖尿病的病症，用糖量更高的饲料，黄鳝体内过多的碳水化合物会转化为脂肪储存于体内，造成黄鳝体内和肝脏脂肪的累积，从而引起营养性脂肪肝。饲料中糖水平过低时，黄鳝不得不利用饲料中的价值较高的蛋白质来满足其能量需要，也意味着饲料中的蛋白质和其他营养物质不能充分地用于生长，降低黄鳝生长效率，从而降低了养殖黄鳝的经济效益。因此，在黄鳝的配合饲料中添加适量的碳水化合物，可以降低蛋白质作为能量消耗，增加脂肪的积累，特别是在鱼粉短缺情况下，可以缓解对鱼粉的过分依赖，从而降低饲料的成本，提高经济效益。此外，从环保的角度出发，黄鳝的配合饲料中添加适量的碳水化合物还可以减轻氮排泄，从而降低对养殖水体的污染。

四、维生素

维生素是黄鳝营养所必需的一类低分子有机化合物，对维护机体的正常生长发育，调节机体新陈代谢，提高机体抗病能力具有重要作用。根据维生素在溶剂中的溶解能力将它分为水溶性维生素和脂溶性维生素两大类。

水溶性维生素包括 8 种 B 族维生素，即维生素 B_1、维生素 B_2、维生素 B_6、维生素 B_{12}、泛酸、烟酸、生物素和叶酸，还包括 3 种必需营养因子，即胆碱、肌醇和维生素 C。脂溶性维生素包括维生素 A、维生素 D、维生素 E、维生素 K 四种。因为黄鳝的肠道很短，肠内细菌活动少，维生素不能在其体内合成，因此所需要的维生素都必须从饵料中摄取。

不同种类的维生素，其理化性质各不相同，在黄鳝体内的生理功能也不一样。如维生素 A 的主要作用是促进黄鳝上皮细胞组织健康和促进生长发育，增强抵抗力。维生素 D 主要是调节体内钙和磷的代谢，促进吸收利用和骨骼生长。维生素 E 是一种强的抗氧化剂，对脂肪的抗氧化能力较强，同时也是一种代谢调节剂，它的主要作用是维持黄鳝正常的生殖能力和肌肉正常代谢，维持中枢神经和血管系统的完整。维生素 K 是体内凝血酶原的主要成分。维生素 B_1 可以保持循环、消化、神经和肌肉正常功能，调整胃肠道，构成脱羧酶的辅酶。

天然食物中都含有少量的维生素，而黄鳝的需要量也很少，每天需要量以毫克或微克计，但是维生素是黄鳝体内不可缺少的营养物质，对维持黄鳝正常生长和健康非常重要。任何一种维生素缺乏或过量，都会影响黄鳝对其他营养元素的吸收和正常生长。长期不足时会导致维生素缺乏症，如缺乏维生素 C 会导致黄鳝患肠炎、贫血、抵抗力下降等结果。由于各种饲料原料中大都含有一定数量的维生素，如果饲料中注意选择和搭配饲料成分，完全可以满足黄鳝对维生素的需要量。如一般青饲料中含有维生素 C、胡萝卜素、维生素 E 和维生素 K 等，酵母、麸皮、米糠等含有较多的维生素 D。

五、矿物质

矿物质又称无机盐，是地壳中自然存在的化合物或天然元素。矿物质和维生素一样，不能通过黄鳝自身合成，但又在机体内到处存在，特别是骨骼中含量最多。矿物质也是构成黄鳝机体的必需成分，对维持黄鳝机体的正常内在环境、保持物质代谢的正常进行、保证各种组织和器官的正常生理活动是不可缺少的。

根据矿物质在黄鳝体内的含量分为常量元素和微量元素两大类。常量元素是指黄鳝体内需要量较多的矿物质，如钙、磷、钠、硫、钾、氯、镁，占体内矿物质总量的 60%～70%。微量元素是指黄鳝体内需要量较少的矿物质，如铁、铜、锌、锰、钴、钼、硒、碘、铬等。它的生理功能是多方面的，如构成骨骼组织的主要成分和构成柔软组织不可缺少的物质，以离子的形式存在，调节黄鳝体内外的渗透压，保持机体酸碱平衡，是酶的重要组成成分。

黄鳝配合饲料中的矿物质含量通常在 3%～5%，同时还要注意各种矿物质的配合比例。矿物质在黄鳝体内相互之间存在协同和拮抗效应，尤其有些矿物质需要量很少，过量摄入容易中毒。因此，只有全面了解各种矿物质的生理功能，才能更好地利用。黄鳝对钙和磷的需要量较大，它们是组成黄鳝骨骼的主要成分，黄鳝体内总钙量的 98%、总磷量的 80% 存在于骨骼中。钙和磷除了参与黄鳝骨骼的形成外，还参与维持机体酸碱平衡和其他生理活动。如钙还参与肌肉的收缩、血液的凝固和参与多种酶的反应过程，磷参与碳水化合物和脂肪的代谢、能量转化，维持细胞的通透性和调控黄鳝的生殖活动。镁也是构成黄鳝骨骼的重要矿物元素，同时也是许多酶，如磷酸转移酶、羧酸酶等的激活剂，如果镁缺乏会使黄鳝出现食欲不振、生长缓慢、活动呆滞等现象。铜是黄鳝细胞色素酶和皮肤色素的组成成分，也是红细胞生成和保持活力所必需的，缺铜或者铜过高都会引起黄鳝贫血，并造成生长减慢。锰是磷酸转移酶和羧酸酶等的激活剂，同时也参与黄鳝的生殖活动，缺乏时会引起黄鳝生长缓慢、体质下降和生殖能力下降。铁是血红蛋白和肌红蛋白的组成成分，参与黄鳝机体内氧与二氧化碳的运输，缺铁会引起严重贫血现象。锌参与核酸的合成，同时也是许多金属酶的组成成分，可以促进黄鳝生长发育，维持正常的食欲，促进细胞免疫功能，同时还影响组织中铁和铜的含量。如果黄鳝缺锌，会引起生长发育不良、出现厌食和异食现象等。除了以上矿物质外，还有缺乏碘会导致黄鳝甲状腺肿的发生，缺乏硒会导致维生素 E 的不足，从而引起肌肉营养不良。饲料原料中尽管含有各种矿物元素，但往往含量不足，需要以添加剂的形式加入。矿物元素的添加应根据主原料中的基础含量，结合当地的水土情况以及矿物元素之间的相互作用，针对性地从预混料中补充。

第二节　黄鳝饲料的种类与评价

黄鳝是以动物性饲料为主的杂食性鱼类，并且要求饲料鲜活，不吃腐烂性动物饲料。人工养殖的黄鳝应以动物性饲料为主，植物性饲料为辅。

一、动物性饲料

动物性饲料主要作为饲料中的蛋白源，其营养特点是粗蛋白含量高，品质优良，必需氨基酸齐全，碳水化合物含量少，粗纤维含量少，利于吸收和利用。常见的动物性饲料有鱼粉、蚕蛹粉、血粉、肉骨粉和蚯蚓等。鱼粉是由养殖鱼及下脚料等直接加工、经脱脂干燥而成，除含有营养价值完全的蛋白质外，还含有丰富的维生素和各种矿物质。蚕蛹粉是蚕丝工业的副产品，经烘干脱脂而成，其蛋白质含量与鱼粉相当，且氨基酸的组成很好。血粉是由动物血液经干燥而成，其粗蛋白含量达70%，但缺乏异亮氨酸和蛋氨酸。肉骨粉是由肉类加工厂的下脚料烘干打碎而成，矿物质含量很高。鲜蚯蚓含粗蛋白10%以上，干蚯蚓含粗蛋白60%以上，是上等的动物蛋白质。黄鳝喜欢吃食的动物性饲料主要有：蚯蚓、昆虫及其幼虫、蝌蚪、幼蛙、小泥鳅、枝角类、桡足类等。这些动物的干体蛋白含量高达60%以上，接近鱼粉和蚕蛹粉。养殖黄鳝的同时必须饲养蚯蚓、蝇蛆等作为开食性饵料。蚯蚓为雌雄同体、异体受精动物，以土壤中混杂的有机物为食料，废纸、木屑、果皮、稻草、污泥和垃圾都是蚯蚓的饲料。其生长和繁殖温度以5℃～25℃为宜。养殖蚯蚓的方法简单，室内和室外均可养，占地少，饲料来源广，用饲养的蚯蚓饲喂黄鳝，而蚯蚓粪便用来做农作物肥料，可谓一举两得。蚯蚓养殖可以是棚式养殖、坑式养殖和盆、箱养殖等。不论是哪种养殖，保持土壤一定的湿度和温度及通风非常重要。同时蚯蚓的养殖密度一般以每平方米5000条为宜。蝇蛆等昆虫也是黄鳝的优质动物蛋白饵料。人工养殖蝇蛆设备简单，操作方便，用塑料盆等盛含水 70％左右的新鲜猪粪 0.5～1 千克，上面配置蝇卵 1～5 克，再盖上少量的猪粪即可。也可以用黄豆 0.5 千克，倒入 40～50 千克的水，再加入一些新鲜的猪血就可长出蛆虫。

二、植物性饲料

黄鳝不喜欢吃植物性饲料，但植物性饲料来源广泛，价格低廉，比较容易获得。植物性饲料富含纤维素，有利于促进黄鳝的肠道蠕动，提高黄鳝的摄食强度。所以在规模化养殖中，常常会用到植物性饲料。通常是在配合饲料中添加一定量的麦粉、玉米粉、麦麸、米糠和豆渣等植物性饲料。麦粉同时也是一种很好的饲料黏合剂。

三、配合饲料

配合饲料是将各种原料按照一定的比例调制而成的人工饲料。它的优点是发挥各种原料成分间的互利互补作用，从而全面地满足黄鳝营养上的需要，提高饲料效率，降低饲料系数，减少损失，节约成本。黄鳝配合饲料的蛋白质含量要求较高，一般在 35％～45％，甚至更高。同时加入一定的蚯蚓、蝇蛆等增强饲料的适口性，而且动物性饲料的比重要远大于植物性饲料。

四、对黄鳝饲料的评价

由于黄鳝养殖的规模越来越大，对饲料的需要量日益增多，因此要求黄鳝饲料来源广泛、便于储存、价格低廉、营养丰富、容易消化、增肉率高，经济效益高。所以要对黄鳝的饲料系数进行综合评价，从而指导黄鳝养殖和生产。

饲料系数又叫增肉系数，是指黄鳝增加一个单位重量所消耗的饲料重量，一般按照湿重来计算，具体的计算方法为：

$$饲料系数（增肉系数）\% = \frac{饲料消耗量}{黄鳝增重量} \times 100\%$$

生产上常用饲料系数来评定饲料的营养价值。饲料系数越低，说明该饲料的转化效率越高，使用效果越好，营养价值越高。也可用饲料转化率来评价，即饲料系数的倒数来表示。饲料转化率的值越大，说明饲料的效果越好。具体的公式为：

$$饲料转化率\% = \frac{1}{饲料系数} \times 100\% = \frac{黄鳝增重量}{饲料消耗量} \times 100\%$$

影响饲料系数的主要因素有饲料的营养成分、饲料的制备、投喂的数量和方法、黄鳝的生长期等。因此，要想获得最好的饲料系数，必须综合考虑黄鳝的营养需要、养殖环境及黄鳝的生长年龄。

【信息中转站】

养鳝师傅的悄悄话

1. 黄鳝吃什么？黄鳝的饲料品牌有哪些？

黄鳝吃得很多，杂食性。饲养的主要是白鲢鱼拌饲料，有的加河蚌肉、蚯蚓、螺蛳等。养殖中常用的饲料品牌有嘉盛、嘉发、汇嘉、一江春、海大、福星、鑫富翔、富翔、狮强、常兴……黄鳝饲料保质期是 90 天。新手根据自己的情况，分批次买进为好。本质：黄鳝饲料蛋白质含量在 43%，也就是，可以用 40% 以上蛋白质含量的其他饲料代替。

2. 冰冻的蚯蚓营养价值如何？

冰冻蚯蚓营养价值不及鲜蚯蚓，但是有总比没有好。药毒的蚯蚓不能喂黄鳝，否则容易导致死亡。

驯食初期，鲜活蚯蚓最好用刀切断，不要用绞肉机绞。如果你一定要问个为什么，因为我们一是没有本钱喂整条的蚯蚓，二是绞了的营养流失多。

3. 驯食的方法有哪些？

驯食用蚯蚓、红丝虫、鱼糜（绞碎的鱼肉）拌饲料都可以。下苗后三天开始驯食，驯食初期用四个食台，以点带面，后期减少到两个食台，方便喂食。所谓的食台，就是在水花生上面找几个点，固定投喂食料。食料半在水中半在草上。

驯食效果不佳的，可以破开河蚌反扣在食物上，第二天早上清理。万事万物各有利弊。此法利于黄鳝开口采食，原因是河蚌气味大，有吸引作用，黄鳝胆小，喜欢在河蚌下躲着吃。不利的方面是，河蚌肉被黄鳝扯掉，太大不一定吃得下去而导致残留在箱内腐烂而坏了水质。

4. 黄鳝吃食点数如何计算？

吃食点数计算方法：以 500 克饲料营养等同 1500 克鱼肉营养。按 50 千克黄鳝计算，例如吃了 1000 克鱼肉加 1000 克饲料，就相当于 2500 克鱼肉的营养，称之为吃了五点。搅拌食料比例以 1000 克鱼肉拌 500 克饲料，或者 1500 克鱼肉拌 500 克饲料。假如 50 千克黄鳝吃了 4000 克鱼肉加 2000 克饲料，换算就是：$8+4\times3=20$，即所谓的吃了 20 点。此计算方法流传于张沟镇内各养殖户，用于通过吃食点数判断年底收成。黄鳝在不停地生长、增重，以进苗基数不变，通过吃食观察计算收益，可以有效地预测自己所养成败。点数越高表示吃得越多长得越快，收益越大。但是在此不建议盲目追求高点数，黄鳝吃多了增重过快易导致死亡，易发病导致养殖失败。

5. 黄鳝吃不吃得死？

关于这个问题，咨询了六七个养殖户，其养殖经验少的有四年，多的达十年，他们一致认为：黄鳝吃不死，好好的怎么能吃死？

黄鳝吃得多，吃多了增长过快，器官负荷跟不上，导致易发病，易死亡。

黄鳝吃多了，吃得多排泄物也多，加上高温刺激，水质腐败很快，细菌滋生易导致发病。

（摘自：我爱养殖网）

【技术前沿】

告别鱼糜，让黄鳝养殖从此更轻松

黄鳝，别名鳝鱼，合鳃目合鳃科黄鳝属，除西北干旱地区外，全国各地广泛分布，栖息在池塘、小河、稻田等处，常潜伏在泥洞或石缝中。肉质鲜嫩，具有很强的药用价值，补五脏，主治虚劳，身体消瘦，湿热，身痒，臁疮及肠风痔漏。

野生黄鳝主要以各种小动物（昆虫、青蛙、蝌蚪和小鱼）为食，夏季摄食最旺盛，寒冷季节可长期不食而不至于死亡。黄鳝具有很特别的雌雄同体特性，因此特性，黄鳝人工繁殖难问题一直得不到有效解决，每年到高温季节苗种价格一路攀升，在养殖成本中占很大份额。我国的黄鳝养殖经历了 20 年左右的摸索发展，其间曾经采用过水泥池养鳝、池塘养鳝、稻田养鳝、网箱养鳝等多种方式。其中网箱养鳝和水泥池养鳝比较常见；而网箱养鳝由于具有投资较小、方便在鱼塘开展黄鳝养殖、规模可大可小、操作管理比较简便、水温容易控制、养殖成活率高等优点被广泛推广。

网箱养殖　　　　　　　　　　　水泥池养殖

近年来，黄鳝养殖成本（苗种、塘租、人工、饲料、药品等）不断提高，而商品黄鳝的价格却一直低迷，方方面面的原因给养殖户带来极大的困难和挑战。传统的黄鳝养殖一直都是鱼糜拌饲料投喂，比例基本在（2∶1）～（1∶1）。随着国家对环境保护的重视，对水产渔业资源保护管理加强，鲜鱼、冰鲜鱼和鱼糜等市场价格不断攀升（常德西湖管理区从 2014 年饲料鱼 0.4 元/千克涨到如今 1.4 元/千克），在养殖中也将逐步被全价配合饲料取代，如：近两年海水大黄鱼养殖和淡水鲈鱼养殖就是典型例子，全价配合饲料完全取代冰鲜鱼已经是不可逆转的发展趋势。

传统养殖黄鳝饲料投喂方式

为什么当前黄鳝养殖户会采用鱼糜拌饲料投喂方式？单独投喂饲料是否可行？这个问题从笔者接触黄鳝养殖这一行业以来就一直被困扰，我想这也是近几年很多从事黄鳝养殖的养殖户们迫切想了解的问题。

为什么当前黄鳝养殖户会采用鱼糜拌饲料投喂方式？

笔者认为原因有以下几点：

养殖习惯：目前农林渔行业，入门门槛比较低，往往是以师傅带徒弟的形式，缺乏创新和改变，养殖模式和投喂方式几十年不变。

饲料的适口性问题，现有饲料厂家所生产的饲料还不能很好地满足黄鳝对饲料适口性的要求，只能通过鱼糜拌饲料投喂方式来提高黄鳝的采食量。

养殖成本与收益问题，前些年冰鲜鱼成本较低，黄鳝价格高，供不应求，采用鱼糜拌饲料黄鳝长势快，产量高，养殖效益相对满意。

鱼糜　　　　　　　黄鳝配合饲料　　　　　鱼糜饲料混合

单独投喂饲料养殖黄鳝是否可行？

经过笔者这几年在一线养殖市场走访学习了解到：采用全饲料投喂养殖黄鳝完全可行，而且还具有以下优点：

节省人工，根据对比采用全饲料投喂所需人工成本只有鱼糜拌饲料人工成本的一半，投喂全饲料不需要打鱼糜和清理网箱残饵；

黄鳝养殖水环境相对稳定，常规调水防病药物使用量相对降低；

黄鳝发病率降低，苗种成活率提高，养殖成功率提升，养殖风险降低，养殖综合效益提升。

　　诚然，全饲料投喂养殖黄鳝的优点显而易见，但这并非是一个简单的驯化过程，要让黄鳝达到现有鱼糜拌饲料投喂的规格和产量，在实际养殖操作中还是需要掌握很多技术要点和选择一些合适配套产品。我相信有很多养鳝人也许曾经或正在尝试全饲料投喂养殖黄鳝，肯定有很多人会遇到"苗种成活率低""适口性差""采食量上不来"和"产量偏低"等情况，大部分人突破不了，最终还是回归鱼糜拌饲料投喂方式。

　　下面给大家分享一个笔者认为比较成功的案例：

刘师傅黄鳝养殖池塘　　　　　　　刘师傅

　　虽然说目前黄鳝养殖行情相对前几年处在低迷期，但是民间还是不乏养鳝高人，其中湖南常德西洞庭西湖管理区的刘师傅就是其中之一。刘师傅养殖黄鳝已有数十年，养殖黄鳝保持年年赚钱，在黄鳝养殖方面顺风顺水。在黄鳝养殖方面，刘师傅一直有自己独特的养殖方法。

　　几年前刘师傅就开始尝试以全饲料投喂黄鳝（苗种驯食需要蚯蚓或鱼糜辅助），成功解决了驯化转全饲料、采食量偏低、产量偏低和饵料成本高的难题，但是苗种成活率低、适口性不足和发病率偏高等问题仍然是刘师傅面临的难题。

　　2017年6月刘师傅在朋友的推荐下开始接触全熟化黄鳝料，和大多数养殖户不一样的是，刘师傅并没有一下子全部将饲料换掉，在现有条件下，拿全熟化料与之前使用的饲料做对比试验，不掺鱼糜，全部投喂饲料，一直到 9 月中旬，对比有了明显的结果，投喂全熟饲料的 56 个网箱无一发病，而剩下 56 个网箱有 8 个发病，其他正常网箱抽查产量，两者产量几乎没有差别。

与此同时，在 7 月中旬放苗的另一个塘 191 个网箱从驯食过后就开始全程投喂全熟化料，一直到 2018 年 5 月 21 日，无一发病，投喂饲料 79 包，抽箱测产结果如下：

抽箱测产数据分析				
放苗价格 （千克）	平均投喂料 （千克）	预产量 （千克）	增重量 （千克）	饵料系数
3.5（106 个箱）	8.25	15.75	12.25	0.67
6（53 个箱）	8.25	17.25	11.25	0.73
8.25（32 个箱）	8.25	18.25	10.05	0.82

在使用全熟化料后，刘师傅根据自己这几年养殖情况对比总结了全熟化料的以下几个特点：

适口性好，投喂下去基本没有浪费的，转饵过程中黄鳝采食量提升显著加快，提高黄鳝生长速度；

鳝鱼吃后易消化吸收，不易发病，特别一龄苗种驯化，苗种成活率有显著优势；

投喂全熟化饲料鱼体形好，粗细适中，类似仿野生，卖相好；

越冬掉膘少，相对比其他同类产品，鱼体越冬掉膘不明显。

在刘师傅的带动下，湖南常德西洞庭西湖管理区养鳝人从2017年开始逐步加入到全饲料养殖黄鳝模式中；2018年随着全熟化黄鳝饲料的加盟，进一步提升完善全饲料养殖黄鳝模式，逐步打造全饲料养殖黄鳝的养鳝模式，彻底颠覆现有鱼糜拌饲料投喂方式。

（摘自：中国水产频道报道　作者：刘维）

第六章　黄鳝种苗培育技术

　　黄鳝的种苗培育是指将人工繁殖或天然采集的鳝苗用专池培育鳝种的养殖方式。一般是将体长2.5～3.0厘米的鳝苗培养到平均体长15～25厘米，平均体重5～10克（个别10～15克）的规格。由于人工繁殖鳝苗相对滞后，故黄鳝种苗培育开展得不太普及。随着黄鳝生产的发展，对种苗的需求量越来越大，解决批量种苗生产迫在眉睫，因此，本章将现有的成果、经验和技术进行介绍，尽量满足生产的需要。

第一节　鳝苗的主要习性

一、种苗的食性

　　鳝苗孵出后5～7天，消化系统基本上发育完善，并开始自行觅食。鳝苗的食谱较广，但主要摄食天然活体小生物，如大型枝角类、桡足类、水生昆虫、水蚯蚓、蚊虫幼虫等，最喜食的水生动物是水蚯蚓、枝角类（俗称红虫）、桡足类等。随着身体不断地增长，喜食陆生蚯蚓、蝇蛆等。

　　1. 食物种类

　　杨代勤等（1997）对天然黄鳝种苗阶段（体长2.5～20厘米）的食性进行了研究，通过对天然采集的166尾黄鳝标本解剖，认为种苗期间摄食的饵料生物主要有16类（表6-1），其中前期（体长2.5～10厘米）的主要饵料生物有12类，以摇蚊幼虫出现的频率最高，其他如水蚯蚓、枝角类、硅藻、桡足类、轮虫和绿藻的出现频率均在50%以上，这些饵料生物构成了黄鳝种苗前期食物的主体。

表6-1　　　　　　　不同生长阶段黄鳝种苗的食物组成

全长 种类	2.5～10厘米（48尾）		10.1～20厘米（48尾）	
	出现次数	频率（%）	出现次数	频率（%）
蓝藻	21	43.75	17	14.41
黄藻	18	37.50	20	16.95
绿藻	31	68.58	86	72.88
裸藻	15	31.25	22	18.64
硅藻	35	79.92	108	91.52
轮虫	27	56.25	43	36.44
枝角类	33	68.75	69	58.47
桡足类	31	64.58	53	44.91
水生寡毛类	34	70.83	115	97.45
摇蚊幼虫	37	77.08	113	95.76
米虾	18	37.50	12	10.20
蝌蚪	10	20.83	24	20.34
蚯蚓			41	34.76
昆虫幼虫			87	73.73
鳝苗			3	2.54
鳝卵			6	5.08

2. 不同生长时期的食物特点

鳝苗（稚鳝）在不同阶段食性不同，随着生长的发育，摄食的种类个体逐渐增大。全长4.3厘米前，主要摄取轮虫、小型枝角类、桡足类的无足幼体、硅藻和绿藻；全长 4.4～6.8 厘米时，则以摄取大型桡足类、水生寡毛类（水蚯蚓为主）、摇蚊幼虫、枝角类以及硅藻、绿藻为主；全长 6.9～10 厘米，则转化成与鳝种（幼鳝）食性相似，以摇蚊幼虫、水生寡毛类为主，并开始摄食较大型的饵料动物，如米虾、蝌蚪，也兼食一些植物性饵料如硅藻、绿藻等（表 6 - 2）。除了饵料生物外，各长度范围内的种苗，其肠道内容物中还含有大量的腐屑和泥沙。测定 30 尾标本前肠内容物平均湿重百分比为：泥沙占 53.72%，腐屑占 34.25%，摇蚊幼虫占 85.28%，水生寡毛类占 3.58%，浮游生物占 2.71%，其他占 0.46%。

表 6 - 2　　　　黄鳝种苗不同生长阶段的食性

（杨代勤等，1997）

全长 种类	2.5～4.3 厘米		4.4～6.8 厘米（48 尾）		6.9～10 厘米	
	出现次数	频率(%)	出现次数	频率(%)	出现次数	频率(%)
蓝藻	8	61.53	7	58.33	6	26.09
黄藻	7	53.84	7	58.33	4	17.39
绿藻	11	84.62	10	83.33	10	43.48
裸藻	8	61.53	5	41.67	2	8.70
硅藻	12	92.30	10	83.33	13	56.52
轮虫	13	100.00	8	66.67	6	26.09
枝角类	12	92.30	11	91.67	10	43.48
桡足类	10	76.92	12	100.00	9	39.13
水生寡毛类	2	15.38	12	100.00	20	86.96
摇蚊幼虫	4	30.77	11	91.67	22	95.65
米虾			2	16.67	16	69.56
蝌蚪					10	43.48

表6-1可知，全长10.1～20厘米的性腺未成熟的鳝种，已具残食同类的习性，在118尾标本中，有3例吞食鳝苗，6例吞食鳝卵。鳝种期间主要食物为水蚯蚓、摇蚊幼虫、硅藻和昆虫幼虫等。在周年内，鳝种前肠内容物中，被摄入的泥团湿重为22.30%～65.42%，腐屑为14.08%～45.44%，饵料生物为17.18%～63.18%。泥沙成分以春季占比例最大，腐屑也以春季占比例最大，而饵料生物则均以夏秋季所占比例最大，说明夏、秋两季是黄鳝种苗阶段的摄食生长旺季。

二、生长速度

黄鳝种苗的生长速度与饵料的丰歉有直接的关系，在饵料充足的情况下，生长速度相当快。刚孵出的鳝苗体长1.2～2.0厘米，孵出后15天体长可达到2.7～3.0厘米，经一个月的饲养可长到5.1～5.3厘米，到当年11月中旬，体长可达15～24厘米。

第二节　鳝苗来源与培育池条件

一、鳝苗来源

鳝苗的来源可由全人工繁殖的途径获得，考虑到目前群众进行人工繁殖的难度，还可以由捕取天然受精卵进行孵苗或直接捕取天然鳝苗。

(一) 全人工繁殖鳝苗

用人工催情繁殖而获得鳝苗的方法。该方法的特点是能获得批量的苗，质量也有所保证，但缺点是操作上技术要求较高，操作程序也较为复杂，加之目前人工繁殖的技术尚未完全成熟。尽管如此，黄鳝人工繁殖仍是规模集约化生产商品鳝的重要前提。具体操作技术工艺前面章节已作介绍。

（二）半人工繁殖鳝苗

该法有利用人工养殖成鳝（亲鳝）的自然繁殖鳝苗和野外捕取天然黄鳝受精卵人工孵化两种。此两种方法获得的鳝苗有成活率高，对环境适应性强，群众易接受等特点。

（1）人工养殖成鳝（亲鳝）自然孵苗　每年秋末，当水温降至15 ℃以下时，从人工养成的黄鳝中，选择体色黄、斑纹大、体质壮的个体入亲鳝池中越冬。第二年春天，当水温升至15 ℃以上时，加强投喂，多投活饵，并密切注视其繁殖活动情况，发现鳝苗后及时捞取并进行人工培育。刚孵出的鳝苗往往集中在一起呈一团黑色，此时，护幼的雄鳝会张口将仔鳝吞入口腔内，头伸出水面，移至清水处继续护幼。寻找仔鳝时，要耐心仔细，一旦发现仔鳝因水质恶化绞成团时，应及时用捞海捞出，放入盛有亲鳝池池水的小桶中，如果发现不及时，第二天仔鳝往往就会钻入池中，难以捕起。四川省永川县农民杨代才，利用50平方米的水池养鳝，投放鳝种2000克，计45尾，平均体长36～38厘米，体重45～55克。第二年5月中旬亲鳝开始产卵，杨代才在池中放水葫芦，然后在水葫芦根上收集受精卵和刚出膜的鳝苗，当年培养黄鳝种苗5000多尾。

（2）捕捞天然黄鳝受精卵　在黄鳝自然繁殖季节从野外直接捞取受精卵，再进行人工集中孵化，不失为一行之有效的办法。每年夏季，在湖泊、池塘、河沟、渠道、水田和沼泽等浅水地带，常常可以见到一些泡沫团状物漂浮在水面，这就是黄鳝受精卵的孵化巢，这时可用布捞海或瓢、勺等将孵化巢轻轻地捞起，暂时放入预先消毒过的盛水容器中。受精卵孵化方法如前所述。

（三）捕捞天然鳝苗

捕捞天然鳝苗进行种苗培育具有较高的经济价值，它节约成本，减少生产开支，是容易在广大农村推广的方法之一。

在长江中游地区，每年5～9月是黄鳝的繁殖季节，此时，自然界中的亲鳝在水田、水沟等环境中产卵。刚孵出的鳝苗体为黑色，具有相对聚集成团的习性。捕捞天然鳝苗的关键是寻找黄鳝的天然产卵场，当发现鳝苗孵出后，应立即进行捕捞，若发现亲鳝将成团的鳝苗吸入口中时，不要惊动，待亲鳝吐出鳝苗时再捕捞。若发现成团的水上鳝苗绞成一团，或四处散开，说明水质环境恶化，应迅速捕捞至新水中。有时黄鳝会将鳝苗吸入口腔后转移水域但不会转移太远，应跟踪捕捞。鳝苗入池后，可人为地在鳝苗池内放养水葫芦等水生植物，水葫芦的发达根须为鳝苗创造了一个栖息钻空穿游的良好环境，可加速鳝苗的生长。

江苏省淡水水产研究所的方法是，6月下旬至7月上旬在本所水池、水沟放养水葫芦引诱鳝苗，捞苗前先在地面铺一密网布（筛绢），用捞海将水葫芦捕到网布上，使藏于水葫芦根须中的鳝苗自行钻到网布上。另一种方法是，6月中旬，利用鳝喜食水蚯蚓的特性，在池塘水池靠岸处建一些小土埂，土埂由一半土、一半牛粪拌和而成，这样便长出很多水蚯蚓，自然繁殖的鳝苗会钻入土埂中吃水蚯蚓，这时可用筛绢小捞海捞取鳝苗。

二、鳝苗培育池条件

（1）水泥池基本要求　要求鳝苗培育池环境安静、避风向阳、水源充足、便利、水质良好、进排水方便。面积通常不超过10平方米；深度较浅，池深30～40厘米，水深10～20厘米，池底有5厘米左右厚度的土层。除鳝苗池外，还要准备较大面积的分养池。随着个体的长大，一是鳝苗对水体空间要求大一些，二是经过一段时间的培育，会出现个体差异，而分级培育可解决大小个体争食问题，也可避免大小个体的残食现象。此外，水泥池要有防逃的倒檐。

（2）其他培育设施　能够培育鳝苗的设备较多，如水桶、水缸、搪瓷盆等盛水容器也可用来培育苗（初期苗），尤其适合小规模的培育，但必须在室内进行。此外，培育后期需移至室外水泥池中。容器内要放入小石块，垒起的石块留一些缝隙供鳝苗栖息。放入石块后，注水5厘米左右，水面到容器顶端的距离保持在10厘米以上。

第三节　培育种苗的主要技术

黄鳝种苗培育的主要技术包括放苗前的药物消毒，施肥培水，放养中的质量鉴别，放养密度，放养后的喂养，水质调节，水温调控等环节。

一、药物消毒与施肥培水

（一）药物消毒

放苗前的药物消毒是指对即将放苗的池水用药物进行消毒，杀灭池中的病原体和敌害生物。

1. 消毒时间　鳝苗池药物消毒时间为鳝苗入池前7～11天。如果用药后时间过短，即用药过迟，往往因药物毒性未完全消失而出现鳝苗进池中毒现象；如果用药时间过早，会因药性消失苗池又滋生致病生物和敌害生物。

2. 消毒药物　清池消毒的药物有生石灰、漂白粉等，生产上多用生石灰进行清池消毒。因为生石灰不仅使用方便，而且价格也优惠，更重要的是清池消毒较为彻底，杀灭病原体和敌害生物效果优于其他药物，能杀死细菌、寄生虫、水生昆虫、野杂鱼、螺蛳和蚂蟥等。

3. 操作方法　药物清池应选择在晴天进行，如果在阴雨天用药，不但操作不方便，更重要的是影响用药效果。用生石灰消毒的方法是：先把池内过多的水排出，只留 5～10 厘米深的水，然后将生石灰投入池水中，或装入有水的木桶等器皿内，生石灰遇水发生化学反应，产生强碱性的氢氧化钙和大量热量。待池中或器皿中的生石灰形成生灰浆后，趁热将生灰浆泼洒全池，不要留死角。生石灰的用量为每平方米 0.1～0.15 千克，漂白粉用量为每平方米 20～22 克。

（二）施肥培水

1. 培水的作用　鳝苗池培育肥水的作用与常规养殖鱼苗进池前的培水一样，主要为鳝苗进池提供适口饵料生物。苗种池内施肥后，池中的肥分（植物营养元素）可被水中的浮游植物吸收，通过光合作用使浮游植物大量繁殖生长，同时有机肥料中的有机质碎屑可直接被细菌等微生物利用，使微生物得以大量繁殖，大量的浮游植物、细菌等被轮虫和枝角类、桡足类等大型浮游动物摄食，从而使这些浮游动物得以大量繁殖与生长，为鳝苗提供天然适口的饵料。这是提高鳝苗培育成活率的物质保证。

2. 培水的方法　培水的方法也与常规养殖鱼苗进池前培水的方法大致相同。苗种池施基肥，一般在药物清池后 2～3 天注入少量新水，把一定数量的经过发酵的畜禽粪肥或有机堆肥拌和适量软土压底施入苗种池，注意基肥的施用量一般控制在每平方米 0.5 千克，用量过多会使水质过肥，不利于鳝苗的生长。基肥应在鳝苗入池前一周施好，施得过早，鳝苗入池时，大型浮游动物繁殖高峰期已过，施得过迟，鳝苗入池时，大型浮游动物繁育高峰期尚未到来，这两种情况都不利于鳝苗进池后的摄食。只有适时施肥，才能保证鳝苗进池后立即能摄取适口的生物饵料。

二、鳝苗质量识别与鳝苗放养

(一) 质量识别

鳝苗因受精卵质量和孵化环节中的条件等方面的影响，体质表现不一样，有强有弱，还有病苗的可能。因此，在放苗进池前要进行质量选择。识别鳝苗主要从以下四个方面进行：

1. 观察孵化器（池）中鳝苗的逆水能力　在孵化器（池）中，将水搅动使之产生漩涡，质量较好的苗能沿漩涡边缘逆水游动，而体质差的苗则无力抵抗而卷入漩涡。

2. 观察鳝苗顶风游动能力　将鳝苗舀到白色瓷盆等小型器皿中，口吹水面。这时，体质好的苗会顶风游动，体质差的苗在器皿中表现为游动迟缓或卧伏水底，口吹水面时，鳝苗随风的方向漂游。

3. 观察无水状态下鳝苗的挣扎能力　将鳝苗舀在白色平底瓷盆中，倒掉水后，鳝苗在无水状态下有不同的表现。体质好的苗不停滚动挣扎，身体呈"S"形；而体质差的苗则表现为无力挣扎，仅能做头尾部的扭动。

4. 观察体表及肥满度　体质好的鳝苗大小规格较为整齐，体表无伤、无寄生虫；体质差的鳝苗大小参差不齐，体色无光，色调不匀，身体瘦弱，似"松针"，行动呆滞，受惊行动不敏捷，体表有伤或有水霉病菌寄生。

（二）鳝苗放养

1. 放养时间　鳝苗下池的时间，以施肥后 7 天左右下池为宜，此时，正是天然浮游动物出现的高峰期。此外，下池以在上午 8～9 时或下午 4～5 时为宜，这样可避开正午强烈的阳光。

2. 放养密度　鳝苗放养时要进行抽样记数，以便准确地进行放养，一般放养密度为每平方米 300～450 尾，平均 400 尾为宜。放养时特别要注意的是，放养前使装盛鳝苗器皿的水温与放苗池的水温温差不要超过 3 ℃，即控制温差，防止鳝苗"感冒"。

3. 分级放养　一般在黄鳝种苗培育中，必须进行 2～3 次分养。鳝苗进池后经 15 天左右时间饲养，身体长至 3.0 厘米左右时，进行第一次分养，密度由原来的每平方米 400 尾左右减至每平方米 150～200 尾。鳝苗经 1 个多月的饲养身体长至 5.0～5.5 厘米时，进行第二次分养，这时的密度为每平方米 100 尾，以后根据情况确定是否进行第三次分养。

4. 放养方法　由于放苗时要调节水温，避免温差，故在鳝苗进池前，将池水慢慢舀入盛苗的水桶等容器内，使池中水温与容器水温慢慢接近，当两者水温相当时，再倾斜容器口，让鳝苗随水流入培育池中。此外，对于分级放养的操作方法是，在鳝苗集群摄食时，用密网布制作的纱网将身体健壮、摄食能力强、活动快的鳝苗捞出，放入新池进行分级培养。

第四节 饲料投喂与日常管理

一、饲料投喂

(一) 分养前喂养

如前所述，鳝苗孵出后 5～7 天，消化系统就可发育完善，并开始自己觅食，鳝苗的食谱是广泛的，但主要是天然的活体小生物，如大型枝角类、桡足类、水生昆虫、水蚯蚓等，最喜食水蚯蚓和水蚤。所以在鳝苗放养前，必须用畜禽粪培养水质，培育大型浮游动物，还要引入水蚯蚓种，以繁殖天然活饵料供鳝苗吞食，也可用细纱布网兜捞取枝角类、桡足类投喂。饲料中以蚯蚓为最佳，每食 5～6 克蚯蚓能增长 1 克鳝肉。此时对于整条的蚯蚓，鳝苗难以摄食，最好的办法是将蚯蚓剁碎投喂。也可以投喂一部分麦麸、米饭、瓜果、菜屑等甜酸食物。黄鳝不吃腐臭食物，变质的残饵要及时清理。要定时、定质、定量投喂，开始每天下午 4～5 时或傍晚投喂饲料 1 次，以后逐日提前，10 天后就可每天上午 9 时或下午 2 时准时投饵，日投量为鳝鱼体重的 6%～7%。随着身体的生长，饵料也应不断增加。一般来说，所投喂的饵料要在 2～3 小时内吃完为宜。饵料要保持鲜活，投饵最好全池遍撒，以免鳝苗集群争食，造成生长不匀。待身体长至一定长度时 (3 厘米以上)，摄食能力较强，应训练鳝苗养成集群摄食的习性，实行集中在食场或食台投喂。

(二) 分养后喂养

经过半个月左右时间的饲养后，鳝苗粗壮活泼，体长达 3.0 厘米左右，进行第一次分养后，即可投喂蚯蚓、蝇蛆和杂鱼肉浆，也可少量投喂麦麸、米饭、瓜果和菜屑等食物。日投 2 次，上午 8～9 时和下午 4～5 时各投喂 1 次，日投饲量为体重的 8%～10%；第二次分养后，可投喂大型的蚯蚓、蝇蛆及其他动物性饲料，也可投喂鳗鱼种配合饲料，鲜活饲料的日投量为体重的 6%～8%。当培育到 11 月中、下旬，一般体长可达到 15 厘米以上的鳝种规格，此时水温可下降至 12 ℃左右，鳝种停止摄食，钻入泥中越冬。生产中的投喂在适温情况下多喂、勤喂，在水温 5 ℃以下摄食量下降，可少喂；在雨天，要待雨停后投喂。

二、日常管理

黄鳝种苗培育期间的日常管理包括水质调节，水温调控，防治病害，水池防逃以及前述的饲料投喂和分级饲养等方面。

（一）水温调控与管理

水是黄鳝等鱼类生存的基础条件，水质调节与管理在种苗培育尤为重要。鳝苗池应水源充足，水质优良。鳝苗喜生活在水质清新且肥、活和溶氧量丰富的水环境。根据习性，25 ℃～28 ℃的池水温度最适鳝种苗生长，但在夏季，有时水温高达 35 ℃～40 ℃，故要有调节水温的措施。调节水温措施一是保持适当的水深，一般鳝苗池水深保持在 10 厘米左右，经常换注新水，保持水质清新。一般春、秋季 7 天换水 1 次，夏季 3 天换水 1 次。高温季节可适当加深水位，但不要超过 15 厘米，因鳝苗伸出洞口觅食、呼吸，如水层过深，易消耗体力，影响生长。要经常清除杂物，调节水温。二是在池中放养适量水生植物如水葫芦、水浮莲、水花生等，这样既可净化水质，又可使鳝苗有隐蔽歇荫的地方，有利于鳝苗的生长。三是鳝苗栖息避暑，还可在鳝池周围栽些树木，种瓜搭架遮挡强烈的太阳。

（二）水质调节

清爽新鲜的水质有利于黄鳝种苗的摄食、活动和栖息，浑浊变质的水体不利于种苗生长发育。水质调节的主要内容：一是要使池水保持适量的肥度，能提供适量的饲料生物，有利于生长；二是调节水的新鲜度，即将老水、浑浊的水适时换出，在生长季节每10～15天换水1次，每次换水量为池水总量的1/3～1/2，盛夏时节（7～8月）要求每周换水2～3次；三是适时用药物，如用生石灰等调节水质；四是用种植水生植物来调节水质。

（三）防缺氧、防逃和安排好越冬

培育黄鳝种苗要坚持早、中、晚各巡塘1次，检查防逃设施，检查种苗生长生活状态，清除剩饵等污物。每当天气由晴转雨或由雨转晴，天气闷热时，可见幼鳝在洞穴外竖起身体前部，将头伸出水面，这是水体缺氧之故。凡在这种天气的前夕，都要灌注新水。雨天应注意溢水口是否畅通，拦鱼栅是否牢固，防止鳝鱼外逃。鳝鱼贪食且耐饥饿，饱饥不易察觉，要求投饵定时、定量，不要饱一顿饿一顿而影响鳝苗生长。7～9月温度高，鳝苗新陈代谢旺盛，摄食量增大，应尽量进行强化培育，可适当增加饵料投量，以满足鳝鱼摄食的需要。饲养管理上要采取"精养、细喂、勤管"的原则和大胆、细致的工作作风，防止鸭入水吞食幼鳝。到了11月，长大的鳝苗随着温度降低，会钻入泥下穴中越冬。要做好幼鳝的越冬管理，可放掉池水，但保持池底湿润，上面盖10～20厘米厚的稻草或其他杂草，以防冰冻，并防重物压没洞穴气孔。

（四）防治病害

要经常检查种苗健康状况，做好防治工作，还要驱除池中敌害生物。刚孵出的鳝苗，卵黄囊尚未完全消失，处在水质不良的状况下容易发生水霉病。鳝苗在培育过程中，若遇到互相咬伤或敌害生物的侵袭而形成的伤口，也易染上水霉病。防治方法是，在低温季节发此病时，可用漂白粉治疗，也可以每立方米水体用食盐或小苏打各 400 克，溶化后全池遍洒，或定期浸洗病鱼苗，效果也较为理想。

第五节　育苗实例

一、湖北监利的仿生态育苗

黄鳝人工仿生态繁殖，是一种成功的苗种繁育方式，方法简便，宜于千家万户的发展。通过发动黄鳝养殖户开展人工仿生态繁育苗种，是解决黄鳝养殖苗种供给的一种有效途径。同时，整个繁殖过程中没有使用激素，亲本可回收作为食用鳝供给市场，环保安全。但黄鳝人工仿生态苗种繁育，还存在催产率不高、产卵不集中、繁殖期过长的问题，需要进一步研究。2010—2011 年，监利县水产局与监利县两湖渔业合作社开展了黄鳝人工仿生态苗种繁育技术的研究，取得了初步的成效。现将有关育苗情况介绍如下：

（一）培育池

1. 亲鳝培育池及其改造

选择软硬适中、质地为壤土的稻田，将稻田改造成宽 3.5 米、长为稻田自然长度的单元，清除杂物杂草，每个单元之间挖土筑埂，池埂高 0.5 米，宽 0.5 米。亲鳝池共占用稻田 6.5 亩。1 月下旬，用药物进行全池消毒，3 天后灌水 0.2 米深。亲鳝进箱前 3 天，再次全池进行药物消毒，适时清除池塘内蛙类（蝌蚪、卵）及鼠、蛇、虾等敌害生物。3月16日开始安装亲鳝培育网箱，共插网箱1300口，其中规格为1米×1米×1米的网箱1000口，规格为1.5米×1米×1米的网箱300口，网布为普通三绞网乙纶网布。网箱四角用竹竿固定，每口池插两排网箱，网箱与网箱之间相距0.2米，行间距1米，网箱两边距池埂0.25米。网箱插好后，每口网箱堆放少量泥土，并放4～5株经越冬保留的水葫芦。

2. 稚鳝培育池

稚鳝培育池2口，单池面积为10亩，用挖机清除池中淤泥，修补池埂，保证池埂四周无漏洞，彻底清除池边各种杂草杂物，适时清除池埂内蛙类（蝌蚪、卵）及鼠、蛇、虾等敌害生物。水深1.8米。

稚鳝培育网箱规格为2米×1米×1米，用白色密眼乙纶网布做成。网箱四角用竹竿固定，网箱之间无间距，行距3米，便于水流畅通和投饵操作，每口网箱投入水葫芦10株左右，同时加少量水花生。共1000口。

（二）亲本放养与培育

繁殖用亲本鳝是就地就近收购的野生大斑鳝鱼，规格在45～120克/尾。要求体表无病无伤，光滑，对烂皮、烂嘴、烂尾、鳃部肿胀、肛门红肿的鳝鱼坚决剔除，保证亲本质量。

1. 放养时间与密度

3月29日至5月23日，每口网箱放养亲鳝6尾，重0.3～0.4千克，雌雄比例为2∶1。

2. 亲本培育

亲本投入网箱3天后开始投饵，饵料先用蚯蚓驯化，逐步改为花白鲢鱼糜与蚯蚓混合后投喂。按"四定"原则进行投喂，每天下午 5 时左右投喂一次，投饵率为 5%～6%。

（三）稚鳝捕捞

亲本黄鳝经过培育，水温适宜时，开始吐泡，孵化稚鳝。刚孵出的稚鳝体长 1.9～2.3 厘米，待卵黄被吸收干净后，稚鳝开口摄食。择机将稚鳝捞出，投放到稚鳝培育箱中进行培育。亲鳝继续在网箱中培育，年底起捕上市。

（四）稚鳝培育

将发育 13 天后的稚鳝放入网箱培育，每口网箱放稚鳝苗 800～1200 尾，其开口料为就地繁殖的水蚯蚓。

（五）日常管理

1. 水质管理　一是及时换水，4～5 月每 5～7 天换水一次，6～9 月每 2～3 天换水一次，先排出部分老水，再加注新水；二是调节水质，每 15 天用光合细菌、益生活水素、浓缩芽胞杆菌等生物制剂交替泼洒，调节水质，保证水质清新，溶氧充足。

2. 巡塘　坚持早、中、晚巡塘，观察黄鳝的活动、摄食及水质变化情况，及时捞出残渣剩饵，发现异常情况，及时处理。

3. 病害防治　野生黄鳝抗病力较强，但进入网箱后，由于环境的改变，容易发病。解决黄鳝病害的办法主要是坚持做好预防。4～9 月，每月上旬预防一次，用饵料拌内服药物 3 天，并用药物全池全箱泼洒一次。稚鳝每半个月用药物交替泼洒一次，养殖过程中没有发生重大流行病害。

（六）繁殖结果

1. 亲鳝产苗情况

见表 6-3、表 6-4、表 6-5。

表 6 - 3　　　　　　　　　黄鳝人工仿生态繁殖情况统计表

年份	亲鳝网箱数（口）	亲本组数（组）	亲本重量（千克）	出苗窝数（窝）	出苗数量（万尾）	综合产卵繁殖率（%）
2010	1300	5200	413.5	2413	52.3	46.41
2011	1300	5200	426.3	2067	41.1	39.75
合计	2600	10400	839.8	4480	93.4	42.98

表 6 - 4　　　　　　　　　亲鳝吐泡产卵情况表

年份	5 月	6 月	7 月	8 月	合计
2010	367	1272	174	600	2413
2011	322	1009	158	578	2067
合计	689	2281	332	1178	4480

表 6 - 5　　　　　　　　　不同时间亲鳝繁育出苗数量

	6 月	7 月	8 月
抽样窝数	23	21	20
出苗尾数	8712	10931	1987
出苗量区间	278～586	423～586	82～131
窝平尾数	378.78	520.52	99.35

2. 稚苗培育情况

2 年共投放黄鳝稚鳝 93.4 万尾，培育成幼鳝 55.6 万尾，稚鳝培育成幼鳝成活率为 59.53%。

3. 经济效益

（1）总收入 55.6 万元（2 年收入）　2 年共生产幼鳝 55.6 万尾，回收成鳝 845.6 千克。销售收入 55.6 万元。

（2）成本 34.09 万元（2 年成本）　2 年生产成本如下：稻田及鱼池租金 19800 元；网箱 40000 元；亲本 50388 元；饵料 190000 元；工人工资 20000 元；药物 10000 元；水电及其他费用 10000 元。

（3）利润 21.51 万元（2 年利润）　亩产值 10490.57 元/年，亩利润 4058.5 元/年。

（七）讨论

1. 试验表明，黄鳝繁殖活动从 5 月中旬开始，8 月底结束，整个繁殖季节中，亲鳝有 2 个吐泡产卵的高峰期，分别在 6 月中旬、8 月中旬。

2. 通过观察发现，黄鳝的每窝出苗量，根据季节不同，而呈现明显的差异，2010 年，对 5 月下旬产卵，6 月 5 日至 12 日出苗情况进行了抽样，其每窝出苗量在 278～586 尾，23 窝苗共计 8712 尾，每窝平均出苗量为 378.78 尾；对 6 月中旬产卵，7 月 1 日至 3 日出苗情况再次抽样，结果每窝鳝苗量为 423～586 尾，21 窝苗共计 10931 尾，每窝平均出苗量为 520.52 尾；最高出苗量为 586 尾；而 8 月繁殖的出苗量平均在每窝 100 尾左右，发现最低一窝产苗量为 82 尾。

3. 黄鳝亲本被蚂蟥寄生，将导致亲本不产卵，1 号池 180 口网箱的亲本，由于亲本体表上有蚂蟥寄生，后经用药杀灭蚂蟥，仅产卵 218 窝。

4. 观察发现，黄鳝的生长发育，从亲鳝吐泡开始，到稚苗卵黄囊消失，时间约为 13 天。如果等到第 13 天再捕捞鳝苗，因稚鳝的活动力较强，个体分散，捞苗效果极差。通过对比发现，采用在第 9 天进行捞苗，第 10 天再补捞一次，集苗效果最好。

5. 使用水蚯蚓做稚鳝开口料，结果表明有较好的成活率。而且水蚯蚓人工繁殖技术成熟，适于大面积推广，可以很好地解决苗种生产的饵料供给问题。

二、江苏镇江的生态育苗

镇江市丹徒区水产技术指导站王建美等采用"亲鳝＋鱼苗＋抱卵虾"的形式，使繁殖的青虾幼体成为鳝鱼的生物饵料，稍大的幼虾和投放的常规鱼苗成为亲鳝的活饵，有效地避免了亲鳝对幼鳝的残杀，获得较好效果。2003 年 5 月中、下旬开始投放亲鳝，经过 5 个月的饲养，10 月 30 日检验，亲鳝苗 30.6 万尾，折合每亩苗 10.2 万尾；产成鳝 648 千克，折合亩产 216 千克；总产值 43740 元，苗种、饲料、人工、电费等物耗成本 11214 元，总毛利 32526 元，每亩毛利 10842 元，投入产出比为 1：2.9。其做法如下：

（1）生态繁殖池准备　试验塘面积 3 亩，长方形，池深 1.2 米，淤泥深 50～60 厘米，水源为长江水系水源，水质肥，无污染，注排水设施齐全。

（2）水草种植　选用水葫芦、水花生和水芹菜等水草，构筑主体空间。即分别于距池边 80 厘米处及池中心区域用聚乙烯绳固定栽种水葫芦和水花生，距池边 150～250 厘米处间种水芹菜，并在水面投放适量紫背浮萍，使鳝鱼繁殖池水草根系由中心向池边垂直方向呈梯度分布，池面水草呈网状覆盖，拓展亲鳝及其苗种栖息、生活和隐藏的立体空间，池中水生植物覆盖面积占池水面积的 25％。

（3）亲鳝的选用与放养　亲鳝采集时间为 5 月 15～30 日，选用品种为深黄大斑鳝，外观标准为体格健壮、体形肥大、色泽鲜亮。所选亲鳝来源于笼捕天然黄鳝群体，雌、雄鳝体长 30 厘米以上，个体重 100 克左右。总放养 322.5 千克，规格 23 尾/千克，亩放养 107.5 千克。

（4）饲养投喂　根据黄鳝的食性和生长、繁育规律，采用池塘中套养抱卵虾、鱼苗为黄鳝亲本和幼鳝提供饲料，5月10日至6月2日，总放养抱卵虾60千克，亩放养20千克；总放养鱼苗6万尾，亩放养2万尾。

（5）水质管理　5～6月，水深保持在60～70厘米；7～9月温度高，水深保持在80～90厘米。凉爽季节一般一周换一次水，高温季节一般隔两天换一次水，换水时间一般在上午9时进行，换水时温差不超过5℃。如发现有缺氧情况，立即启动水泵冲水，并做到边进边排，以增加水中溶氧量。施肥以牛粪为主，以利培育鳝苗喜食的有益微生物，保证亲鳝、鳝苗吃饱吃好，降低成本。

（6）亲鳝与幼鳝分离　一般在梅雨季节之后，在繁殖池中，用地笼和鳝笼捕捉亲鳝，适时进行"母婴"分离，回捕率可达85%，将捕获的亲鳝放置网箱中育肥，待市场行情好时可及时销售，以增加经济收入。

（7）强化幼鳝培育　采用投喂蛋黄、豆浆培育浮游生物饵料作为鳝苗的饵料，投放抱卵虾繁殖虾苗作为幼鳝的饵料，经常注换池水，平均8～10天1次，每次5厘米，高温季节水深达1.2米。

【湖北开启新模式】

湖北仙桃开启温控育苗新模式

"中国黄鳝之都"仙桃今年又有什么新亮点？该市西流河镇国兵水产养殖专业合作社开启新模式——以工厂化温控方式培育黄鳝种苗。

"以往，露天繁育黄鳝苗一年只能搞一季，现在好了，一年四季都能进行，还能实现量质齐升。"合作社理事长童国兵介绍，

"温控繁育法"每亩挂网由 140 口增加到 420 口，每口育苗可由 300 尾增至 2700 尾以上，繁育量将是常规繁育的 9 倍以上。

2012 年 2 月，童国兵牵头创办了国兵水产养殖专业合作社。至去年底，合作社吸纳养殖户 220 户，发展家庭农场 31 个，养殖总面积 8100 亩，自有养殖面积 1800 亩，其中黄鳝苗繁育面积 500 亩，年产优质黄鳝 4950 吨，年孵化黄鳝苗 1000 万尾，年创产值 3.4 亿元。

黄鳝苗的繁育是合作社发展的最大瓶颈。"黄鳝苗要从河南、安徽等地采购，成本高不说，成活率较低。稳步发展仙桃黄鳝产业，必须突破这个瓶颈。"童国兵说。去年 6 月，他在仙桃市农委、市水产局等部门支持下，与上海市农业科学院达成协议，多次请著名黄鳝繁养专家周文宗前来做技术指导。

"今年，我这 50 亩温控繁育基地可产黄鳝苗 1 亿尾以上。"童国兵告诉笔者，目前，仙桃黄鳝种苗缺口 10 亿尾以上，全省缺口 20 多亿尾，全国缺口至少 200 亿尾。发展黄鳝种苗"钱途"无量。

（摘自：中国水产养殖网）

第七章　池塘网箱生态养殖技术

我国从 20 世纪 90 年代开始就实行黄鳝网箱养殖，从近 20 年的养殖研究与实践结果来看，网箱养殖是最适合黄鳝的一种养殖模式。池塘网箱生态养殖黄鳝具有明显优势，其操作技术难度不大、病害相对较少、占用水体面积小、便于饵料投喂、防逃作用强。黄鳝池塘网箱生态养殖效益较高，推广前景十分广阔。本章从苗种放养、饵料配制及投喂、水质调节、日常管理等几方面对黄鳝池塘网箱生态养殖技术进行介绍，并且提供了成功的案例，给大家参考。

第一节　苗种放养

一、苗种的选择

好的苗种是黄鳝养殖成功的关键因素，是获得最大经济效益的前提。摄食能力强、身体健壮、无病无伤的鳝苗能降低后期饲养和管理的难度，起到事半功倍的效果。选择好的鳝苗可从以下几个方面进行：

（一）鳝苗的品种

黄鳝的品种很多，从体色上大体可分为黄、白、青、赤几种，其中在黄鳝养殖实际生产过程中有四种体色的黄鳝较为常见，即深黄大斑鳝、浅黄细斑鳝、土红大斑鳝、青灰色鳝。目前，从各地养殖的成效来讲，深黄大斑鳝体色深黄，身体细长，有褐黑色大斑纹，适应环境能力较强，生长速度较快，个体较大，易于驯养，最适合于人工养殖；浅黄细斑鳝在自然界中数量最多，体色较黄，有细密的褐黑色斑纹，生命力较强，苗种来源广，但生长速度较深黄大斑鳝慢；土红大斑鳝与深黄大斑鳝相似，但体色土红，尤以两侧最为明显，也是理想的养殖品种；青灰色鳝适应环境能力相对较弱，生长速度较慢，个体相对较小，一般不宜选作人工养殖的黄鳝苗。为了确保养殖产量高、效益好，在发展黄鳝养殖生产上要逐步做到选优去劣，培育和使用优良品种。

（二）鳝苗的来源

鳝苗可从自然界捕捞天然小规格幼鳝，也可靠人工繁殖获取。此外，捞取黄鳝受精卵，进行人工孵化，培育黄鳝苗，也是一个好办法。

从养殖效果看，人工繁殖黄鳝苗种成活率及增重倍数高，规格较统一，并且可以直接摄食专用全价饲料，但是黄鳝人工繁殖技术要求高，目前能生产繁殖鳝苗的商家少，导致价格比较高，运输路线长。野生鳝苗较容易获取，价格便宜，但成活率及增重倍数受随机因素影响较大，有些地区野生苗种已逐渐匮乏。因此，养殖户可根据自身情况进行选择。目前，绝大部分地区的黄鳝养殖户都选择野生幼鳝作为养殖的苗种来源。

春天，气温回升是捕捉鳝苗的最好季节，捕苗方法应采用笼捕和徒手抓捕，切忌采用电捕、药捕和钓捕黄鳝苗。电捕和药捕的鳝苗表现为体色发灰发红、腹部有很多小红点，有个别身体发直，同时规格混杂、大小不一；钓捕的黄鳝苗咽喉或口腔受到钓具的挂伤、口腔黏膜红肿。电捕、药捕和钓捕的鳝苗，或多或少受到了身体伤害，成活率很低，在市场采购鳝苗应该谨慎选择。

（三）鳝苗的筛选

无论在市场采购，还是组织人力捕捞的黄鳝苗种，在放养前，都要进行筛选。避免病鳝进入，带入病原体，影响水质，引发病害。

1. 外表观察

身体健壮的鳝苗体形匀称，体表光滑，色泽光亮，黏液分泌正常且不黏手；而劣质鳝苗即有病有伤或体质不好的鳝苗，常常有以下一种或几种症状：身体细瘦、不匀称，尾巴扭曲或是头大身细，手抓缺乏光滑感，体色灰暗发白，体表有红斑或不正常的斑点，黏液有脱落的现象，肛门红肿。劣质鳝苗基本不可能养殖成功，应该果断舍弃，否则会因小失大。

2. 行为观察

在大规模养殖时，很难对每一条鳝苗进行鉴别。可采取一些简单的方法，通过鳝苗的行为大致辨别鳝苗群体的优劣，筛除群体中个别病鳝。

将鳝苗放入有半盆水的塑料盆中，用手以适当力度，按一定方向螺旋式划动，形成漩涡，由于黄鳝喜欢逆水而行，黄鳝在盆的边缘顶水游走，属正常现象；若跟着水走，无力游动的，为劣质黄鳝。

在塑料桶内放小半桶鳝苗，将水加至2/3处，盖上盖，5分钟后，掀开盖，浮在水表层头部伸出水面的为耐低氧性差、体质弱、有伤病的鳝苗；沉入桶底的为体质好的健康鳝苗。

用1‰～3‰的食盐或8毫克/升的硫酸铜溶液浸泡鳝苗，4～5分钟内身体有伤病、体质差的鳝苗或会剧烈蹦跳，尾巴扭曲，体表黏液脱落，或者游态迟钝，抓而不逃，甚至腹部朝上，或者发生昏迷，软弱无力，有以上表现的鳝苗不可选购；如果苗种由不安宁游逐渐安静做有规律的运动则可选购。

在用手抓健康鳝苗时，感觉鳝体硬朗，有较强的挣脱感；而不健康的鳝苗，用手抓感到其柔软无力，两端下垂。

3. 生态行为观察

在运输、放养等过程中，难免部分鳝苗受伤，在筛选过程中，难免有疏漏与失误。因此，鳝苗下池后，还可继续观察鳝苗的生态行为，以鉴定鳝苗健康与否。如若在运输过程中鳝苗受伤，或是选购失误，可尽快出手，再次采购健康鳝苗。

将鳝苗双手捧向鳝池，鳝苗会自动下逃，不离双手或游动迟缓的应淘汰。

根据黄鳝钻洞穴的习性来进行筛选，可将黄鳝放在池内约 2 小时，凡是不钻洞或不钻草者为劣质黄鳝，钻头不钻尾或钻一会儿又出来的也为劣质黄鳝，应立即捕捞淘汰。

黄鳝有群聚性，质量好的黄鳝成群地往四角钻顶，而单独游走、活力不佳者，为劣质黄鳝。

给黄鳝投喂占鱼体总重 5％的蚯蚓或占鱼体总重 3％的黄粉虫，水温 20 ℃以上，在 2 小时内吃完一半以上饲料的黄鳝，质量较好。

（四）鳝苗的规格

苗种规格一般以每千克 30～40 尾为宜。这种规格的苗种整齐、生命力强，放养后成活率高，增重快，产量高。放养的苗种要注意规格整齐，大小要尽可能一致，不能悬殊太大。由于规格不整齐、抢食能力不一致，影响生长率和成活率，最后还会影响销量。

商品鳝养殖时间 5～6 个月，增重 3～8 倍，以增重 4 倍居多。到年底规格达到 100 克以上的才可以售得较高的价格。若鳝苗规格过小，摄食能力差，增重不快，当年便不能获得收益或收益不丰厚。
4～5月份，苗种的规格应在25克以上，随着季节的推迟，苗种的规格也应该相应增大，才能取得较高的养殖效益。

（五）鳝苗的运输

运输是影响养殖成活率的重要环节，一般来讲，鳝苗是不宜长途运输的。鳝苗应采取带水运输的方式，要求运输器具不漏水，内表面光滑，有充氧设备；一般采用自然水体中的水，与鳝苗之前生活环境的温差在3 ℃以内，避免高温运输，水温不得超过30 ℃，运输时间在4小时以内；起运前用水清洗鳝苗，去除伤残苗种和污物；装苗不宜过多，最多为容器的一半，水没过鳝苗10厘米左右。

二、放养前的准备工作

（一）鳝苗消毒与分级

1. 鳝苗的消毒

黄鳝所带病菌、病毒和体内外寄生虫有时多达20余种，因此投苗前必须对鳝体进行消毒。用养鳝池的水配制，保证投苗前与投苗后几乎没有温差。浓度为2%～3%的食盐水浸泡鳝苗5～10分钟，或者使用浓度为0.2～0.5毫克/升的聚维酮碘浸泡5～10分钟，或者使用5～10毫克/升的高锰酸钾浸泡5～10分钟，每100千克鳝苗配用消毒液100千克。

一般鳝体需经过8分钟的体内外消毒时间，在消毒过程中还可根据鳝苗的表现行为，进行一次筛选。消毒8分钟左右，黄鳝已经吐出大部分污物，绝大部分病虫已脱离鳝体。此时可迅速将仍然很有劲儿的鳝苗分离出来，置于同温的清水中，并让其继续在清水中暂养1小时左右。有条件的，还可在10升清水中加入4克电解维生素他命（多种维生素），可增强鳝苗体质。

2. 苗种的分级

黄鳝有大吃小的习性，同箱鳝鱼个体不能悬殊过大。放养时可按 20 条/千克以下、21～30 条/千克、31～40 条/千克和 41 条/千克以上四个档次分级，分箱养殖。放养 30～40 条/千克规格的鳝苗较为适宜。

(二) 鳝池的准备

1. 鳝池的消毒

清淤：春季放种前，挖出淤泥，换掉部分老泥，将淤泥曝晒一段时间。塘泥选用含有机质丰富的黏土为宜。有条件的可将清淤在秋末冬初黄鳝出售后进行，经过冬天的冰冻也能冻死部分虫卵。

消毒：用生石灰做清塘处理，每平方米用 100 克生石灰搅拌池泥，一个星期以后，药性挥发尽了，再进水。达到杀死有害微生物和一些敌害生物，改善水质和池底土质的目的。

2. 网箱的软化与消毒

无论是旧网箱还是新网箱，都要检查有无破损，在放苗前一个月，网箱应该架设好。新网箱下池之前，用 20 毫克/升的高锰酸钾消毒 20 分钟，再用清水漂洗。在架设网箱一个星期后，新网箱上污染水质的化学物质都已经进入水体，需要进行一次换水。在此时可移入水草，同时进行一次整体的消毒。每立方米水体用漂白粉 20 克或生石灰 100 克或高锰酸钾 5 克，全池泼洒，带水清塘，消毒 10 天后方可放苗。在放苗之前需要保证做到：网箱上的有害化学物质被浸洗掉；有害的病原体在消毒过程中被杀死；经过半个月的培养，网箱彻底软化；网衣上长有一层藻类，形成光滑的生物膜，黄鳝入箱后不会因与网箱摩擦而受伤；消毒药物的药性已经消失。

3. 水草的移植

在投放苗种前 20 天，将水生植物，如水花生、水葫芦等，移植到网箱内，作为黄鳝的遮阴和栖息场所，同时还具有净化水质、增加水体溶氧量、预防敌害等功能。水花生又叫革命草，生命力强，因此移栽水花生的做法比较普遍。移植入箱的水花生也要用 10 毫克/升的漂白粉溶液消毒处理 30 分钟再移植至网箱，预防蚂蟥等寄生虫、有害微生物、虫卵和吃食鳝苗的野杂鱼虾进入网箱。移入的水花生应去掉老根老茎，以免腐烂的老根老茎污染水质。放苗前水花生要覆盖网箱水面 80% 以上，并生长茂盛。

4. 水质的检测

鳝苗下箱前半个月，全池泼洒一次有机肥，培养浮游生物，供鳝苗食用。下箱前 10 天，检测水质。水体有毒氨不超过 0.02 毫克/升，硫化氢不超过 0.1 毫克/升，亚硝酸盐不超过 0.05 毫克/升。水体的酸碱度即 pH 值应保持在 6.5～8.5。水体溶氧为 3～6 毫克/升。如果水质不符合标准，要及时做相应处理。

三、苗种投放

放养时间要早，以早春头批捕捉的黄鳝苗种放养为佳。黄鳝经越冬后，体内营养仅能维持生命，开春后，需大量摄食，食量大且食性广。因此，要尽量提早放苗，便于驯化，提早开食，延长生长期。每年 4 月，水温上升到 20 ℃以上，就可开始放苗，但必须做到鳝苗捕捞、收购、运输、放养均是晴天，切忌阴雨天收苗放养。鳝苗入网箱需选择在晴天进行且保证入箱后气温稳定、晴朗。早春放苗，常因为水温不高，气温不稳定，鳝苗成活率不高，所以此时放苗是有风险的。由于早春时苗种并不多，可根据养殖规模，小批量地放置几个网箱，到年底，就可提前上市，选择最佳时机出售。

一般在 5～6 月，野外鳝苗资源丰富，此阶段温度稳定，水温在 25 ℃以上，可大批量收购、放养鳝苗。放苗时间早，则饲养时间长，在 6 月中旬前结束放养比较适宜。随着时间的推迟，苗种的规格也应该相应增大，才能取得较高的养殖效益。太晚放养，养殖时间不够，食性驯化难，导致年底收获的黄鳝规格不大，无法上市。

放养密度因鳝池大小、饵料来源、苗种规格以及放养时间等情况的不同而异，网箱养殖黄鳝放养密度可稍大些，每平方米放养体重 25 克的幼鳝 100～150 尾，即每平方米放养幼鳝 2.5～4 千克。放养的鳝苗规格较大，密度可相应减小；反之，则可相应增加。如果饵料充足，也可多放些。早期苗可稀放，养到鳝苗体长 5～6 厘米后再分箱饲养，放养密度为每平方米放 2 千克为宜。晚期苗可放密些，放养过程不再分箱，放养密度为每平方米 3～4 千克。

放养时应注意网箱内水温和盛鳝容器内水温差应尽量小，才能保证成活率。温差大于 3 ℃时，黄鳝容易感冒，成活率会大打折扣。最好用温度计，放到网箱内水下 40～50 厘米处测量，以保证精准。可采用舀水工具，将网箱里的水慢慢舀入盛鳝容器内，使网箱内的水与盛鳝容器内的水温接近，每小时温度变化最多为 1 ℃，所以舀水必须慢。直到温差小于 1 ℃，再把鳝苗轻轻放入网箱。

黄鳝放养 20 天后，每平方米可配养 6～8 尾泥鳅，利于饲料的充分利用和水体环境的改善。放养泥鳅也要经过严格的筛选与消毒，否则适得其反。

四、苗种驯养及日常管理

鳝苗下池后的第一个月是黄鳝网箱养殖最为关键的阶段。这一时期要做好驯养和管理工作，促使黄鳝改变原来的生活习性，适应新的环境。如果方法得当，鳝苗成活率可达 90% 以上，方法不当则成活率有时在 30％以下甚至全部死亡。

鳝苗初放时不肯吃人工投喂的饲料，且喜欢夜晚觅食，需要进行驯化。鳝苗放养后 2～3 天不要投食，增加鳝苗的饥饿感。第 2 天或第 3 天傍晚进行第一次投喂，投喂黄鳝喜食的新鲜鱼肉、蚯蚓和蚌肉等打碎制成的混合小食团，每个箱分 3～4 个点，投在箱内水草做的食台上，此次投喂不宜超过鳝苗体重的 1％，重在激起鳝苗食欲。以后每天的投喂都按第一次投喂的时间与地点进行，并可配合一定的声响，让黄鳝形成定时定点吃食的习惯。这样既保证食物不被浪费，又能保证黄鳝的正常摄食。喂食 5 天后，当鳝苗在食台上养成摄食习性时，开始在鱼糜、蚯蚓等制成的食团中逐渐添加 1％的黄鳝配合饲料，以后配合饲料逐渐增加至 10％。投喂量也可逐渐增加至黄鳝体重的 3％～4％，以投饲后 2 小时内吃完为标准，如 1 小时内吃完，则可适量增加。一般经 1 个月驯化，黄鳝就可正常摄食，驯食是一个非常关键的环节，要有足够的耐心，逐步使黄鳝转变摄食喜好，使之形成条件反射，规律摄食。

鳝苗下箱后的 30 天内为养殖适应期，对环境变化非常敏感，切忌乱用药物，以防引起应激反应，造成苗种暴发性死亡。白天在网箱内看不到鳝鱼，摄食正常是其健康状况的主要信号。如天气晴好，连续 3～5 天所投饵料未动，发现鳝鱼白天立于水中（即"打桩"）、晚上盘在草上（即"上草"），则应将箱内鳝苗全部捞出，清除死鳝。如果翻箱的鳝苗在容器内集中向一个方向急游，对外界惊扰很敏感，表明已患应激综合征，应立即出售。

第二节 饵料配制及投喂

一、饵料种类来源

(一) 黄鳝的食物

黄鳝是以动物性饲料为主的杂食性鱼类，且依靠灵敏嗅觉，对食物的要求比较高。在黄鳝网箱养殖过程中，一般从黄鳝5～6厘米长开始饲养，此时食性比较稳定。幼鳝和成鳝可摄取食物种类多，可摄食蚯蚓、螺肉、蚌肉、小杂鱼、新鲜鱼肉、小虾、昆虫和水中的浮游生物，如轮虫、枝角类、孑孓等。黄鳝除摄取动物性饵料外，还摄取植物性饵料，其食管中常有浮游植物与腐屑。在人工饲养黄鳝时，饲料以动物性饲料为主，还应搭配富含纤维素的植物性饲料，增进黄鳝的肠道蠕动，增加摄食强度，可采用一些配合饲料，保证食物供应稳定、营养丰富。

1. 动物性饵料

黄鳝动物性饵料有蚯蚓、螺蚌、新鲜鱼肉、蚕蛹、蝇蛆和小鱼虾等，还可摄取昆虫和动物内脏等。这些饲料的共同点就是蛋白质含量高，营养丰富，有利于黄鳝的生长发育，是网箱养鳝的饲料主体。

2. 植物性饵料

黄鳝对植物性饲料大多是迫食性的，能有效消化淀粉和脂肪，但是几乎不能消化植物性蛋白和纤维素。在规模化养殖中，需要投入一定量的富含纤维素的植物性饲料。因为人工养殖环境下，食物获取容易，且黄鳝贪食，肠胃容易不适。植物性饲料中的纤维素有利于促进黄鳝的肠道蠕动，提高摄食强度。通常在配合饲料中可添加一定量的麦粉、玉米粉和麸糠等。

3. 配合饲料

人工养殖黄鳝形成一定规模后，为保证饲料供应，营养全面，最好采用人工配合饲料。生产配合饲料的原料主要是：鱼粉、蚕蛹粉、肉骨粉、虾蟹壳粉、肝粉、血粉等动物性原料，大豆、豆饼、麦类、谷朊粉、酵母粉、麦芽、玉米、花生仁饼、棉籽饼等植物性原料，以及维生素、无机盐等营养物质，一般用 α-淀粉或面粉作黏合剂，还添加一定的诱食剂、添加剂。配合饲料要求蛋白含量高、营养全面、黏合度高、具适口性。

（二）饲料来源

保证充足优质的饲料是黄鳝养殖成功并获取高产的关键，黄鳝养殖者可利用现有资源收集和培养活饵料，也可生产配制混合饲料或购买黄鳝颗粒饲料。

1. 鲜活饲料

人工培养：蚯蚓、蝇蛆是黄鳝喜爱的食物，可进行人工培养繁殖。

蚯蚓培养一般采用太平二号、赤子爱胜蚓等品种，用牛粪、生活垃圾等原料培育即可，养殖蚯蚓可用废弃的木桶、木盆，在底部钻1个直径2厘米的小孔，并用纱网布盖上，以利透气、排水，也可在排灌良好的地方挖坑或用砖砌池饲养。

自制种蝇笼，到蝇蛆饲养场购优良家蝇种，按其操作流程生产蝇蛆，也可用黄豆0.5千克磨成浆，倒入一口可装40～50千克水的水缸，加入2.5千克鲜猪血和10千克水拌匀，一周后即可育出蛆虫。

市场采购：南方地区，在湖泊、河道和池塘中螺蚌资源丰富，且价格便宜，尤其是珍珠养殖区，可大量采购。白鲢、鲫鱼等价格低，也比较容易获取，规模化养殖一般采用的鱼肉以白鲢为主。动物下脚料可以作为人工养鳝的补充饲料，如猪肺、牛肺等内脏，也可在屠宰场购买鲜度高的内脏。

灯光诱捕：在每口网箱上空吊起上下两盏黑光灯，上面一盏适当悬高，以招引较远的虫蛾，下面一盏以距鳝池水面 20 厘米为宜。天刚黑时，打开高空黑光灯，发现高空灯周围虫蛾成团时，再打开水面黑光灯，并关掉高空灯，此时高空虫蛾会很快俯冲而下，聚于水面黑光灯四周，由于水中有电灯倒影，不少蛾虫会冲入水中，成为黄鳝的饲料。当水池上空蛾虫减少时，再打开高空黑光灯引诱，如此反复。

2. 人工配合饲料

市场上，黄鳝专用饲料并不多，可根据价格成本和饲养效果等实际情况，进行采购。也可采购原材料，按配比制作新鲜的配合饲料。投喂饲料必须来自经检验检疫机构备案的饲料加工厂，饲料质量符合《饲料卫生标准》和《无公害食品 渔用配合饲料安全限量》（NY5072—2002）的各项要求。

二、饵料的加工配制

（一）单一的鲜活饲料

鲜活饲料如蚯蚓、螺蚌、蚕蛹、蝇蛆和小鱼虾等，经过煮熟或者冰冻消毒，就可直接投喂。大的蚌肉、鱼肉和动物内脏等，需要切碎后才能投喂。黄鳝只能吞下适口的食物，因此食物的大小，要根据黄鳝的规格切碎。喂养幼鳝，螺蚌和小鱼虾等食物也要切碎。

对于直径大于 4 厘米的团块，黄鳝基本不摄食。最好将饵料加工成直径不到 1 厘米的条状、直径不到 0.3 厘米的颗粒状或其他细小的形状，适口性好，摄取率高。

（二）人工配合饲料

黄鳝专用饲料，在水中浸泡软化后就可投喂。经过浸泡软化的食物，口感好，也容易消化吸收，有效避免食物在食管内膨胀，引起肠胃不适。

采购原材料，自行加工配制的饲料要按一定的比例混合均匀，配合饲料的蛋白含量应该在 40％左右，加入一定量的诱食剂，保证黄鳝的生长需要和营养物质的高效利用。另外，适量的添加剂，如甜菜碱、胆碱、EM（有效微生物菌落）等，可以诱导黄鳝摄食，参与体内新陈代谢，可对黄鳝生长产生一定作用。下面列举几个人工配合饲料的配方，供读者参考。

配方一：浙江大学动物科学学院苏妙安等研究了黄鳝配合饲料的配方，经过几年试养，按该配比合成的配合饲料具有适口性好、饲料效率高等特点，且为不同生长阶段的黄鳝研制了符合其生长要求的配合饲料（表 7-1）。

表 7-1　　　　黄鳝不同生长阶段配合饲料的配方　　　　　％

原料	稚鳝料	幼鳝料	成鳝料
白鱼粉	68	62	58
α-淀粉	18	20	22
酵母粉	3.0	4.0	4.0
谷朊粉	3.0	2.0	2.0
豆粕	0	4.5	7.0

续表

原料	稚鳝料	幼鳝料	成鳝料
多种维生素	1.5	1.2	1.0
多种矿物质	1.0	1.0	1.0
添加剂	1.0	1.0	1.0
其他	4.5	4.3	4.0

配方二：长江大学生命科学学院陈芳、杨代勤等，他们比较了多组配方后，推荐使用这个配方：白鱼粉45%，豆粕10%，次面粉2%，α-淀粉20%，玉米10%，酵母5%，复合维生素1%，无机盐3%，诱食剂1%，其他3%。该配方养殖效果好，蛋白利用率高，成本低，回报高。

配方三：湖北省周天元等使用的配方为：豆饼粉20%，蚯蚓（折合干物）20%，熟大豆粉40%，血粉2.5%，玉米面筋1.5%，α-淀粉2%，酵母4%，复合维生素1%，矿物质1%，磷酸二氢钙3%，黏结剂5%。

(三) 混合饲料

目前黄鳝养殖户多采用鲜活饵料加配合饲料的方式喂养黄鳝，也是可行的喂养方式。一般同时投喂鲜活饵料和配合饲料，需要进行加工后再进行投喂，否则黄鳝基本不会吃食配合饲料。其加工方法：首先把每天需要投喂的饲料粉碎或投喂前用水泡软，掺入5%～10%的面粉作黏合剂，加入适量水（一般1千克干料加水300～400毫升）。再加入切碎的蚯蚓、蝇蛆、鱼肉、动物内脏等鲜料，充分拌匀，制作成小团状或小颗粒投喂于食台上，有条件的可以用绞肉机（使用3～4毫米模孔）先将鱼杂、螺蛳肉等动物性饵料绞碎，再加饲料，充分混匀，制成小团状投喂或将其绞成细条状的软条，稍晾后，用手轻轻翻动，让较长的条自然断开，即可投喂。制作的团状料或软颗粒料应现做现用。

三、饵料投喂

科学的投喂方式，也是饵料的高效利用的前提条件之一。

(一) 驯食

无论是幼鳝还是成鳝，对饵料都比较敏感挑剔。黄鳝下池后，要经过 15～30 天的驯食过程，才会正常摄食。黄鳝初放时不肯吃人工投喂的饲料，且喜欢夜晚觅食，需要进行驯化。放养后 2～3 天不要投饵，增加黄鳝的饥饿感。第二天或第三天傍晚进行第一次投喂，投喂黄鳝喜食的新鲜鱼肉、蚯蚓和蚌肉等打碎制成的混合小食团，每个箱分 2～3 个点，投在箱内食台上，此次投喂不宜超过黄鳝体重的 1%，重在激起黄鳝食欲。以后每天的投喂都按第一次投喂的时间与地点进行，并可配合一定的声响，让黄鳝形成定时定点吃食的习惯。这样既保证食物不被浪费，又能保证黄鳝的正常摄食。喂食 5 天后，当黄鳝在食台上形成定时定点的摄食习惯时，开始在鱼糜、蚯蚓等制成的食团中逐渐添加 1% 的黄鳝配合饲料，以后配合饲料逐渐增加至 10%。投喂量也可逐渐增加至黄鳝体重的 3%～4%，以投饲后 2 小时内吃完为标准，如 1 小时内吃完，则可适量增加。一般经 1 个月驯化，黄鳝就可正常摄食，驯食是一个非常关键的环节，要有足够的耐心，逐步使黄鳝转变摄食喜好，使之形成条件反射，规律摄食。

(二) "四定" "四看" 原则

与养殖其他鱼类一样，黄鳝的投饵也要坚持 "四定" "四看" 原则。

1. "四定"

包括定时、定量、定质和定位。

定时：野生黄鳝昼伏夜出，在野外是夜间觅食的，经驯化后，可在傍晚摄食，经长时间驯化，上午也是可以摄食的。在投喂食物时，配合一定的声响，经过驯化，黄鳝听到响声时也会聚拢吃食。水温在 20 ℃～28 ℃，每天可投喂 2 次，上午 8～9 时，下午 5～6 时。20 ℃以下或 28 ℃以上水温时，每天下午 5～6 时投喂 1 次即可。6 月、7 月、8 月、9 月四个月是黄鳝的主要生长期，要争取黄鳝每天上午和傍晚分别吃食 1 次。

定量：水温在 20 ℃～28 ℃时，配合饲料的日投喂量为鳝鱼体重的 1‰～3‰，鲜鱼的投饵量为黄鳝体重的 5‰～10‰，混合饵料，一般按每 5 千克鲜饵折算成 1 千克干料后计量。水温 20 ℃以下或 28 ℃以上投喂量应减少，投饵过多时，残饵在水中容易变质，污染水质，使水质恶化，引起有害细菌的繁殖，病原菌侵入鱼体致病。

定质：饲料一定要新鲜、优质，腐败变质和发霉的切不可投喂，腐烂变质的食物不会被黄鳝吃食，也污染水质。黄鳝适应某种饲料后，一般不要频繁更换品种。如果更换饲料，应按驯食的步骤，按比例逐渐替换。

定位：投饵点不要轻易变更，让黄鳝在固定的地点取食，既便于黄鳝吃食，又便于清理残食。网箱上面养殖的水草可作为黄鳝的天然食台，也可制作简易食台。一般一口网箱的面积为 9～20 平方米，在每口网箱可设 2～3 个喂食点。

2. "四看"

即喂养过程还应注意看季节、看天气、看水质和看黄鳝食欲，根据实际情况投喂饵料。

看季节：黄鳝的摄食量在一年中是不等的，投饵应掌握的基本原则是中间量大，两头量小。即6～9月占全年的70％～80％，6月以前、10月以后量小，只占全年的20％～30％。

看天气：晴天多投，阴雨天少投，闷热无风或阵雨前停止投喂。当水温高于28℃，低于15℃时，要注意减少投饲量。水温25℃～28℃时，是黄鳝生长旺盛的时机，要及时适当增加投饲量、投喂次数，提高饲料品质，符合黄鳝的生长需要。

看水质：水质好时多投，水质差时少投。

看食欲：黄鳝活跃，摄食旺盛抢食快。短时间内能吃光饲料的，应增加投饲量；反之，应减少。一般2小时内全部吃光的，可以增加投饲量；若剩余，则需减少投饲量。

四、饵料管理

(一) 饵料安全、卫生

有毒害的饲料可通过食物链危害人类健康。为保障食品安全，投喂黄鳝的饵料应达到，《饲料卫生标准》和《无公害食品 渔用配合饲料安全限量》规定的标准。国家明文规定禁止投喂的饲料添加物，都是能被检测出的，一经检出，是不能上市的。

所有食物都应该进行消毒，避免食物携带致病菌和寄生虫进入养殖环境。尤其是鲜活饵料中，常有寄生虫，应注意防范。配合饲料，必须浸泡软化，否则黄鳝食用过多，引起肠胃不适。

黄鳝的鲜活饵料要保证新鲜，尽快入冰箱或冷库，避免腐烂变质；黄鳝的干饵料，应放置在阴凉干燥的储存室，注意防潮，避免饲料霉变。制作的配合饲料或混合饲料，一次最多制作黄鳝3天的饵料。天气炎热，自制配合饲料或混合饲料容易发酵变质，因此最好现做现用。无论是腐烂变质的饵料，还是霉变的饵料，黄鳝都不会食用，且污染水质，最终造成浪费。

（二）饲养观察与记录

投喂饵料后，也需要密切地观察，黄鳝的吃食情况能反映很多问题，也是调整饲养方式的一个重要依据。尤其是初养黄鳝，仔细观察并记录摄食速度、摄食量和饵料的种类与配比，记录当天的天气、温度与日期等，将是日后重要的养殖经验。

整理好网箱内的水草，并根据气温、水温、水质变化，剩饵情况和摄食强度适当调整投饵量。量的大小掌握，以第二次投喂时基本无剩饵为标准。正常情况下，颗粒干料的日投量为鳝鱼体重的1%～3%，鲜饵料的日投量为鳝鱼体重的5%～10%，混合饵料，一般按每5千克鲜饵换成1千克干料，计量总量。如投饵量长期低于此下限标准，就要考虑饵料是否适口、苗种的成活率、是否逃苗或发病、驯食成功率等因素，分别采取相应对策。剩余的饵料，必须及时清除，保持食场卫生是贯穿整个饲养阶段的一项经常性的工作。

第三节 水质调节

一、黄鳝生活的水环境

黄鳝生活在水环境中，水质的好坏，直接影响着黄鳝的生长与健康。水质要求鲜、活、嫩、爽。养殖黄鳝的水体理化因子如下：

1. 溶解氧，不能低于2毫克/升。

2. 对硫化氢敏感，水中浓度不能超过0.2毫克/升。

3. 对氨敏感，浓度控制在0.01～0.02毫克/升。

4. 亚硝酸盐浓度应不大于0.1毫克/升。

5. 水体要求偏酸性较好，pH 值为 6.5～8.0，大于 8.5 对黄鳝生活会有不好的影响。

此外，水温也会影响黄鳝的生长，要注意调控。

二、水质指标及调节方法

（一）水色

鳝池水质要保持"肥、嫩、爽、活"。肥，水色以淡褐色或嫩绿色为好，透明度为 25 厘米左右，由于鳝池较浅，鳝池中一般不要施用有机肥料，以免败坏水质；嫩，要求池水不老，老水有两种特征，一种是水色发白，一种是水色发黄或老褐色，此时应换新水；爽，水色不浓而清爽，透明度在 20～25 厘米；活，活水的表现是水色随着日出日落发生变化。

水色其实是水中微生物生长情况的一个表现。水体中所含的藻类以硅藻门、绿藻门的藻类为主，水呈黄（绿）褐色。以绿藻为主时，水呈淡绿或翠绿色。硅藻是鱼类的饵料，绿藻能吸收氮、磷等，且增加溶氧，因此黄（绿）褐色水、淡绿或翠绿色水都是养殖的好水。而含蓝藻较多，水呈暗绿色，水质一般。水呈黑褐色，是含多鞭毛藻、裸藻等，是有机质过多的征兆，是不好的水色。而水呈灰白色、红色是水中浮游动物过多，对黄鳝来说属不良水质。水呈澄清色或臭清色，是水中浮游生物减少、死亡的征兆，不利于黄鳝的生长。

水环境中浮游生物的生长失衡，主要是水中的有机物引起的。灰白色水、澄清色水和臭清色水，是比较危险的信号，可 2～3 天换一次池塘水，泼洒微生态制剂分解水中有机物，且有机物分解后可培养浮游生物。

（二）溶解氧

传统的养鳝方法有一个误区，认为黄鳝有辅助呼吸器官而不怕缺氧，事实上黄鳝活动剧烈，也需要大量的氧气，它不仅用口腔呼吸，还用喉腔表层组织、皮肤（侧线孔）和泄殖孔辅助呼吸。据研究，在水温 23 ℃左右，每千克黄鳝每小时的耗氧量为 30 毫克左右。当水中溶解氧在 3 毫克/升时，黄鳝活动正常；当水中溶解氧低于 2 毫克/升时，黄鳝活动出现异常。

黄鳝维持生命需要的氧气主要为水体中的溶氧。水体溶氧主要来源于浮游植物的光合作用，其次是通过人工增氧使氧气溶入水体。水体含氧充足时，可抑制氨、亚硝酸盐、硫化氢的形成，从而减少水体有毒物质含量。

导致溶解氧降低的原因：

1. 天气骤然变化，气压低，水体分压升高，一部分氧气逸出水体。每当天气由晴转雨或由雨转晴，天气闷热时，可见幼鳝在洞穴外竖直身体前部，将头伸出水面，这是水体缺氧之故。凡在这种天气的前夕，都要灌注新水。

2. 放养密度大，气温高，生物呼吸作用强，耗氧量大。水中的含氧量是跟水温成反比的，水温越高，含氧量越低，所以夏季池水中常处于低氧状态。黄鳝过于缺氧时会引起浮头，影响生长和发育，严重时还会造成死亡。

3. 水质恶化，有机物分解耗氧。如水呈臭清色时，浮游生物大量死亡，会消耗大量氧气，水中溶解氧极低。而水呈红色时，水中大量的纤毛虫、夜光虫会耗费大量氧气，易造成水体缺氧，轻则浮头，重则浮头"泛塘"。

改善水中溶氧可采取以下方式：

1. 物理法：注水增氧，向鳝池注入适量新水，排出老水，使池水溶氧充足；机械增氧，有条件的鳝池，可安装增氧机。高温季节，可在中午和凌晨分别开机 1～2 小时，增加水体溶氧量；降温增氧，可在池周种藤蔓植物，如丝瓜、黄瓜等，让藤蔓爬到池顶架上遮阴，以降低水温，从而达到增氧的目的；清淤增氧，淤泥中有大量消耗氧气的物质和生物，清除淤泥有一定的增氧效果。

2. 化学法：药物增氧，高温季节，对养殖密度大的鳝池，选用过氧化钙或漂白粉，两者不可同时使用，每升池水均匀撒 2～3 毫克，经化学反应释放氧气。使用药物增氧，一般要选择晴好天气，在阴雨天不宜使用。

3. 生物法：植物净水增氧，在鳝池内种植适量的水葫芦、水花生、浮萍等水生植物，这些植物通过光合作用，释放大量氧气，增加水中的溶氧量；微生态制剂增氧，其中的光合细菌分解有机物，制造氧气。

（三）氨和亚硝酸盐

塘底淤泥、鱼类排泄物、食物残渣和腐烂的植物根茎经分解作用而产生大量的氨。黄鳝养殖密度越大，氨的浓度越高。氨的浓度在 0.01～0.02 毫克/升时，易破坏鱼鳃黏膜，抑制生长；浓度在 0.02～0.05 毫克/升时，会使皮肤黏膜、肠黏膜和内脏器官出血；浓度在 0.5 毫克/升时，会出现鱼死亡。

亚硝酸盐是氨在硝化过程中的中间产物，是诱发鱼病的重要因素。亚硝酸盐浓度在 0.1 毫克/升时，鱼类的血液载氧能力逐渐失去而造成慢性中毒，表现为呼吸困难，窜游不安；浓度达到 0.5 毫克/升时，代谢功能失常，全池暴发疾病，陆续出现死鱼。

水中的氨和亚硝酸盐可采取以下方式进行调节：

1. 使用微生态制剂调节

微生态制剂又称微生态调节剂、益生素、有益菌等。它是从天然环境中筛选出来的微生物菌体经培养繁殖后制成的，含有大量有益菌的活菌制剂。

微生态制剂的作用原理：在水产养殖中用来调节水质的主要是光合细菌和化能异氧菌两大类。光合细菌具有独特光合作用能力，能直接消耗利用水中的有机物、氨态氮，还可以利用硫化氢，并通过反硝化作用除去水中的亚硝酸盐，从而改善水质，促进生长。化能异氧菌是微生物复合菌剂。当这类有益菌进入水体后，能充分发挥其氧化、氨化、硝化、反硝化、解磷、硫化、固氮等作用，迅速把养殖动物的排泄物、残存饲料以及动植物残骸等有机物分解为二氧化碳和无机盐，降低了水体中氨氮和亚硝酸盐浓度；与此同时，水体中的单细胞藻类利用有机物分解后的盐类开始大量生产繁殖，通过单细胞藻类的光合作用，又补充和提高了水体的溶氧，促进了水体中物质和能量的循环，维持了水体良好的生态环境。

微生态制剂的使用方法：在黄鳝养殖池泼洒微生态制剂时，可在泼洒前用池水将水草浇湿，然后把制剂泼在水草上，再将池水泼于水草上，使制剂完全进入水体。微生态制剂不能与抗生素、消毒剂等化学物质同时使用，这些物质会降低制剂中有益菌类的活性。使用微生态制剂后，尽量减少换水，以免稀释菌类浓度，降低效果。若确需换水或消毒时，应在换水后或消毒几天后再次使用，以保持制剂中菌类在水体中的优势。

2. 降低水中有机物含量

水中氨是塘底淤泥、鱼类排泄物、食物残渣和腐烂的植物根茎经分解作用而产生的，而亚硝酸盐是氨在硝化过程中的中间产物。

在放养前做好清淤工作，在饲养时做好日常管理工作，如及时清理食物残渣和腐烂的植物根茎，注意换水，尤其是高温季节，黄鳝的摄食量大，排泄量也大，需要 2～3 天换一次水。做好这些工作能从源头上减少氨和亚硝酸盐的浓度，也能改善水质，减少病害。

3. 注意增氧

水体含氧充足时，可抑制氨、亚硝酸盐的形成，降低其浓度，也可减少氨和亚硝酸盐对黄鳝的伤害。

4. 种植水草

在鳝池内种植适量的水葫芦、水花生、浮萍等水生植物，这些植物的生长需要吸收氨和硝酸盐等，可降低水中的氨氮水平。

（四）硫化氢

池底污泥中的硫酸盐还原菌还原硫酸盐，厌氧菌分解黄鳝粪便、残饵中的有机硫化物，是硫化氢的主要来源。当水体硫化氢浓度超过 0.5 毫克/升时，鱼会中毒死亡。硫化氢与鱼类血液中二价铁和三价铁结合，使血红蛋白活性降低，降低血液载氧能力，使鱼类呼吸困难而死亡。

水中的硫化氢可采取以下方式进行调节：

1. 从源头控制

水中硫化氢是池底污泥中的硫酸盐还原菌还原硫酸盐，厌氧菌分解黄鳝粪便、残饵中的有机硫化物而产生的。在放养前做好清淤、晒池工作，在饲养时做好日常管理工作，能从源头上减少硫化氢的浓度。清理食物残渣和腐烂的植物根茎，注意换水，尤其是高温季节，黄鳝的摄食量大，排泄量也大，需要 2～3 天换一次水。注意增氧，水体含氧充足时，可抑制厌氧菌，从而抑制硫化氢的形成，也可降低硫化氢对黄鳝的伤害。

2. 使用微生态制剂

微生态制剂中的光合细菌可以利用硫化氢，从而降低水中硫化氢的浓度。

(五) pH 值

pH 值是水中氢离子的浓度，pH 值小于 7，那么水呈酸性，pH 值大于 7，那么水呈碱性。pH 值太小（小于 6）或过大（大于 9），都会影响黄鳝的生存。养殖黄鳝的水体的酸碱度即 pH 值宜保持在 6.5～8.5。pH 值低于 5 或高于 9.5 会引起黄鳝死亡；pH 值低于 6.2，黄鳝生长缓慢。有研究表明，pH 值对黄鳝摄食率有极显著的影响，在水质偏酸时，pH 值在 6.5～7，黄鳝有较好的食欲。

池塘水一般受到底泥、腐殖质、食物残渣和动物排泄物的影响，pH 值会发生变化。pH 值的检测十分简单，用普通的 pH 值试纸即可完成检测，可每个星期检测一次，及时采取措施。一般池水容易呈酸性，可每个月或每半个月用生石灰全塘泼洒，用量为 20～30 克/立方米（根据水的酸碱性调整用量），调节 pH 值。

(六) 水温

20 ℃～28 ℃的池水温度适宜黄鳝生长，人工养殖环境下，黄鳝在 1 ℃～30 ℃能生存。但在夏季，有时水温高达 35 ℃～40 ℃，由于养殖密度过大，黄鳝不能进入夏眠，常常表现出不安、乱窜的行为，甚至死亡。在冬季，虽然在 10 ℃以下，黄鳝停止摄食，钻入地下 20～35 厘米处冬眠，但如果地下温度在 0 ℃以下，也会冻伤黄鳝。因此在夏季要做好降温工作，在冬季要做好保温工作。

1. 高温季节的降温措施

（1）保持适当的水深。由于黄鳝的呼吸功能、身体结构与温度要求，黄鳝自然栖息层的水深一般在 15～30 厘米。一旦水位过深，黄鳝需要游到池面呼吸空气，将耗费大量体力，引起疲劳和抵抗力降低。但是水位过浅，不利于水温控制，尤其是夏天，水温容易过高，黄鳝容易中暑或者被烫伤，夏季水深保持在 20～35 厘米为宜。

（2）加水降温。当气温升至 30 ℃左右时，换掉池内表层的水，大概为池水总量的 1/4～1/3，再加注新水可平衡池水温度，这样既可保证黄鳝出水呼吸、摄食，又不致被高温伤害。有条件的养殖户，如能采取小流量的长流水降温，效果更佳。夏季高温季节，最好 1～2 天换水一次。无论采取何种换水方式，换水前后水温相差不能大于 3 ℃，否则黄鳝会由于温差过大而感冒。

（3）遮阳降温。一般可采取搭架种植一些丝瓜、黄瓜、扁豆、葡萄等攀缘植物。池水既保持一定光照，又避免较高水温，让遮阴面积只占总面积的 1/2～2/3，原则是只照东头日、不给西头日。移植水葫芦、水浮莲等水草，也可以起到遮阳降温的作用。

2. 冬季保温措施

黄鳝是一种半冬眠的鱼类，一般从每年 11 月至翌年的 2 月处在冬眠期。在气温降低到 10 ℃时，黄鳝就需要冬眠。

网箱养殖黄鳝既可以将网箱位置下调至池底，让网箱中底泥厚度在 30 厘米左右，且泥土必须能成形，不能过软或过硬，标准是黄鳝能钻入而洞不塌。温度下降到 10 ℃时，放干池水。黄鳝进入深层泥土中藏居越冬，进入冬眠阶段，由于黄鳝具有特殊的呼吸器官，因此不会死亡。但是要对泥面进行休整，以防结冰冻伤黄鳝。一般在湿润的泥土上铺上一层 20～30 厘米厚的干草，既保温，又透气。

网箱养殖也可不放干池水，让黄鳝在水草中过冬。水草品种以水花生最好，因为它水上水下部分都很发达，水上部分防寒，水下部分冬季仍不会死亡，可支撑黄鳝身体。越冬前就在网箱中培埴大量的水草，若水草太少，不能形成纵横交错的密网，黄鳝就无良好的栖息场所，最后落入网箱底部缺氧死亡。黄鳝在冬眠期间，若池面结冰，应敲开冰层透气，这样既能保持池底温度，又使水中有一定的溶氧量，以达到理想的越冬效果。

第四节 日常管理

一、网箱管理

定期检查网箱，查看网箱有无脱节滑线的情况或被老鼠咬破的情况。发现网箱破损，应及时修补网箱，防止黄鳝逃跑。如有老鼠侵害，还应积极灭鼠，因为老鼠除了咬破网箱，还会咬伤黄鳝，甚至带入病害。清除箱内残饵、死鳝和水中污物，一般每周要刷洗一次网衣，温度高时，隔天清扫 1 次，清扫时可用扫帚或高压水枪，防止网眼被水体藻类或残饵堵塞，创造干净卫生的环境。

保持水草覆盖面为网箱面积的 80%，水草生长缓慢，可适当施一些肥料，促其生长。而水草生长茂盛时，定期修剪水草，防止水草枝叶长出网外，避免黄鳝外逃。定期清除腐烂的根茎，避免滋生细菌、真菌等污染水质。

二、水的管理

(一) 水质

养殖黄鳝的水体，水质容易恶化，应注意查看水色、水的透明度，测量水质生化指标，进行水质调节。网箱区设置增氧机，可适时增氧；定期换水，施用生石灰、消毒剂、水质改良生物制剂等调节水质、pH 值、水中氨氮含量。每天巡塘，确保周围无农药化肥等进入养殖水体，污染水质。

（二）水温

适宜黄鳝生长的温度为 20 ℃～28 ℃，高于 32 ℃黄鳝会发生昏迷，要注意温度控制。夏季温度高，网箱水位适量加深，保持箱内水草厚度，在箱顶搭建瓜棚。必要时应采取注入新水等方式予以调节，注换水时温差应控制在 3 ℃以内。一般 2～3 天换水 1 次，换水量为池塘水体的 1/4～1/3。

（三）水位

黄鳝自然栖息层的水深一般在 15～30 厘米。夏季水位不宜过浅，防止温度过高而影响黄鳝的生长。越冬期间，减少换水，将池水水位适当降低，在箱底铺上厚 20 厘米的经暴晒消毒且含有机质较多和偏碱性的泥土，然后将经过消毒处理的当年稻草放入网箱水面，用厚 20～30 厘米的稻草保温防冻。在下雨时，应及时调整网箱位置与水位，避免黄鳝逃跑；在高温干旱季节也要及时调整网箱位置，防止温度过高，晒伤黄鳝。

三、日常观察与建档

观察：坚持早、晚巡塘查箱，观察黄鳝活动，定期检查箱底，发现死鳝应及时捞出，预防疾病的发生，一旦发生病害，做到早发现、早治疗；观察水草生长情况，观察水位，观察进出水口的防逃网是否破损，注意防逃；鳝鱼摄食旺盛、排泄量大，水质极易腐败，应注意观察测量水质；注意周围设施是否有破缝破洞，防范老鼠等敌害生物。

建档：坚持做好日志，逐日记录鱼塘和网箱投饵、水温、水位、水质、天气、预防、病害等养殖过程中的所有情况，并存档备查，实行档案化管理，以便总结分析。

【实例介绍】

例一　洪湖养殖户章生网箱养鳝经验总结

一、放苗前的准备工作

1. 安装网箱

苗种放养前 2~3 周必须要将网箱安装好，以便水花生有充足时间生长，越是新开塘越要提早，同时，让网箱能够附着各种藻类，避免苗种入箱时受伤和逃跑，网箱安装后，将水花生放入网箱，水花生尽量要嫩的，不要根须老化的、开花结籽的，水花生要占网箱面积 50% 以上，以 6 平方米网箱为例，每箱需水花生 15 千克，同时为防止逃出的黄鳝淹死，还应在池塘四周和网箱附近放一定量的水花生，让其栖息，隔段时间捞一下水花生，看是否有逃跑的黄鳝。（逃跑的黄鳝不会在光秃的塘边栖息，无水草的话便会设法逃出池塘。）网箱规格以 6 平方米和 4 平方米为宜，方便驯食和起捕。

2. 杀虫消毒

放苗前的工作与四大家鱼类似，前期应每月杀虫、消毒各一次，同时应施足肥料，让水花生有充足营养，同时应防止青苔滋生，老塘在放苗前 15 天用生石灰泼洒一次，用量为 40 克/立方米。放苗前一周杀虫一次，以混益安为例，每瓶用 4~5 亩，放苗前 5 天用二氧化氯消毒一次，每亩 200 克，巨碘消毒一次，每瓶用 30 箱，消毒 2 天后可用生物制剂调水后准备放苗。

二、放苗

1. 放苗时机

关于放养时间没有统一标准，主要根据天气情况，具体要求：

①连续 5 天以上晴好天气；②保证优质的苗种和来源；③水温在 25 ℃以上，以赤身下塘不凉人为好；④气温昼夜温差不要太大，以晚上睡觉不盖被为宜，根据近年来的情况，放苗时间以 6 月 10 日到 7 月 10 日为好，过早苗种成活率低，过晚生长期短、长势不好、产量不高，最好在 6 月 15 日到 7 月 1 日进苗。

2. 苗种选择

根据江汉平原的情况，苗种来源有三个：①本地苗种。本地苗体色好、个体长势快、成活率高、能安全越冬、价格高，适合养殖隔年鱼。②河南苗种。洪湖养殖最多的品种，来源广，充足，生长速度快，经 3~4 个月喂养群体增长可达 3~5 倍，但发病率高，用药成本高，业内有"三快"之说，即吃食快、长势快、发病快，适合当年养成，不能越冬，如果增长较快最好国庆前出售，能获较高收益。③长势介于本地苗与河南苗之间的苗种。驯食时间长些，管理得当，能越冬，当年养成和隔年鱼均可。具体选苗根据个人养殖情况而定，与苗种经销商提前预订或到市场购买。

3. 苗种放养

苗种放养最好一次放足，便于管理，对养殖量大的可以分几次放养，苗到塘后，应调节鱼篓与池塘水温。具体措施：先将鱼篓水倒一半再将鱼塘水倒入鱼篓中，放入浸泡药物，如苗宝贝、电解多维，浸泡 15 分钟，如果苗种有伤也可用食盐和碘制剂浸泡，具体时间根据苗种耐受情况而定，在浸泡放养过程中可以剔除一些伤苗、弱苗。每平方米放养密度根据池塘条件、水源条件和个人技术水平而定，一般每平方米放养 1500~2000 克苗种，苗种放养当天下午网箱泼洒应急药物，如应急套餐、Vc 应激灵、电解多维等，第二天为防感冒泼洒双黄毒克，如遇苗种质量较差或天气不好第二天加泼一次杀菌药。

4. 放苗前后泼药方案（消毒、杀菌、抗应激）

方案一： ①提前 10~15 天用生石灰全池泼洒，每立方米40~50 克；②提前 1~2 天用巨碘网箱泼洒，每瓶 30 箱；③进苗当天用苗宝贝浸泡，每瓶 150 千克苗；④进苗当天下午用应激灵泼洒，每袋 20 箱；⑤第二天用双黄毒克，每瓶 30 箱。

方案二： ①提前 10~15 天用生石灰全池泼洒，每立方米40~50 克；②提前 2~3 天用二氧化氯（200 克），每袋 15 箱；③进苗当天用电解多维浸泡（100 克）100 千克苗；④第二天用应激套餐泼洒，每袋 10 箱；⑤第三天用巨碘，每瓶 30 箱泼洒。

三、养殖初期管理

1. 驯食

放苗三天内不投食，第四天将蚯蚓、鲜鱼、饲料混合投喂，将动物饵料打成浆，蚯蚓占 60%、鲜鱼占 30%、饲料占 10%，初次投喂占黄鳝苗体重 1%，鲜活饵料 2500 克折算 500 克，以干料计，以后根据吃食情况逐步加量，减少鲜活饵料和蚯蚓，10 天后鲜活饵料与配合饲料比例为（3∶1）~（2∶1）或 1∶1。

2. 驱虫

放苗 15~20 天应驱虫一次，驱虫前应内服保肝药物 3 天后内服肠虫净 3 天，最好内服肠炎药（中西药均可）3~4 天，同时外泼杀虫药，以杀死虫卵，杀虫后全池消毒一次，二氧化氯或碘制剂均可，消毒后 2 天全池泼洒生物制剂如养殖宝，以维护有益菌落。

四、养殖中期管理

进入 7~8 月，随着气温增高黄鳝进入黄金生长期，这个时期直接关系到黄鳝产量。

1. 水质管理。气温增高，摄食量大，排泄物多，水质逐步坏死，因此水质管理尤为重要。①每 10~15 天加换水一次，先换底层水 1/3 再加入新水，加水后消毒一次，消毒后 2~3 天泼洒养殖宝或生物制剂。②定期检测水质，每 7 天检测水质一次，根据水质情况采取一定措施。③每星期网箱撒二氧化氯或神奇泡腾片一次，每个投饵点 1~3 片。

2. 疾病防治。①整个养殖过程中全程服用电解多维以补充饲料中的多维不足。②每个星期内服保肝药 3~5 天，半个月内服肠炎药一次。③防治水花生病虫害。

五、养殖后期管理

进入 9~10 月，气温早、晚温差大，黄鳝进入关键时期，特别是疾病预防，俗话说"养殖过了白露关，黄鳝变金砖"。每年 9 月中旬为疾病潜伏期，9 月下旬和 10 月为高发期，因此，这个时期管理尤其重要。

1. 不到万不得已不要换水，每次加换水不宜过大，以 10～20 厘米为宜，中午加水，最好以生物调水和底改为主。

2. 投饵时间提前到下午 4～5 时，逐步减少投饵量。

3. 内服药不要间断，特别是保肝药和出血病药，9 月可内服杀虫药一次。

4. 消毒工作要做好。

（摘自：http://www.5iyzw.com　作者：admin）

例二　"养鳝大王"刘红旗的"黄鳝致富经"

在湖南常德市西湖管理区东洲乡春晓村，有一位黄鳝养殖大王叫刘红旗，6 年来，他凭着对黄鳝的了解，通过不断摸索，发展网箱养殖黄鳝，走出了一条致富之路。

6 月 21 日，笔者在西湖管理区春晓黄鳝专业合作社理事长邓力兵的陪同下，慕名拜访了这位"养鳝大王"。走进他的养殖场，映入眼帘的是一排排错落有致的网箱，交织成一片充满生机的水上世界。邓力兵指着一位正在查看黄鳝长势的师傅对笔者说："他就是咱合作社的养鳝'土专家'刘红旗。"

现年 51 岁的刘红旗，全家 6 口人，过去他只会用传统的生产模式种植棉花和水稻维持生计，忙活一年，年底算账还是一个"贫"字。2005 年刘红旗离家到外打工，年底回家，家中情况依旧，他心急如焚，心想如果死守几亩水田种植水稻，不要说是致富，就是填饱肚子都很难。要想改变现状，只有寻找新的出路。

2006 年 3 月，区里为鼓励农户发展水产养殖，专门举办了黄鳝养殖培训班。刘红旗参加了培训，在学习中他发现网箱养鳝的效益十分可观。回来后，他想到了自家屋后的一个废塘。种田不能及时灌水，种庄稼长期遭受水浸。何不把它开挖养鳝呢？说干就干，他投资2万余元，开挖废塘，并购进黄鳝幼苗，共养殖网箱黄鳝110口。由于缺乏技术，又加上管理不善，当年养殖黄鳝不仅没有挣钱，还亏了1万多元。但他并不死心，2007年，他一有时间就到周边网箱养鳝发达地区学习养鳝技术，到区农经局请专家指点。为了掌握技术数据，他常常半夜三更起床观察黄鳝生活习性，测水质变化，逐步摸索出适应本地特点的养殖技术。工夫不负有心人，同样的投资这年喂养的110口网箱黄鳝获纯利2万余元。

初试的成功，使刘红旗尝到了科技致富的甜头。但他更懂得，要想更上一层楼，必须不断更新自己的知识，向技术的深度和广度"进军"。他先是订阅了《农家致富导刊》《湖南农业》等报纸杂志，还先后到湖北公安和湖南益阳、沅江等地学习。通过学习实践、探索，他基本掌握了黄鳝的种苗选购、运输、放种、驯食、病害防治等一整套网箱养鳝技术。

2008年，他投入了12万余元购进了3000千克幼苗共300多口网箱，换了一个面积大、池底淤泥少、水源充足、注水和排水方便的池塘。选苗时只选健康的、体形匀称的、体表光滑的苗种，并把幼苗投放时间选在了5月，保持了池里的最佳水温。经过努力，当年的产量提高了3倍多，共产出了9000余千克黄鳝，不少养殖户前来学习他的经验。

随后，刘红旗又学会了套养鲢鱼、鲤鱼、鲫鱼、草鱼等鱼种。这样既能增加收入，又能让鱼吃掉一些不必要的杂草，起到净化作用。"要提高产量，技术非常关键，主要是抓好苗种、水质、防病、品牌四大要素。只有降低成本，提高技术，才能增加效益。"刘红旗得意地说。

这些年来，已掌握了全套技术的刘红旗，每年都喂养300多口网箱的黄鳝，纯利润在12万元以上。如今在他的带动下，全村已有60多位农户涉足养鳝业，发展黄鳝网箱养殖2万多口。

临走时，他笑着对笔者说："今年我又增加了黄鳝网箱百余口，准备大干一场。养殖目标重点在饲料投喂技术、套养技术上下工夫，从而降低养殖成本，增加单位面积产出效益，使网箱养鳝获得更高的效益，更好地引领村民致富。"

（摘自：《常德日报》）

第八章 黄鳝其他生态养殖技术

各地在黄鳝养殖的生产实践中，摸索出多种新的养殖方式和方法，各具特色和优点，现分别介绍如下。

第一节 静水有土生态饲养法

一、建池

鳝池形状可因地制宜，若是方形，最好填去池角，使池角呈弧形。鳝池水深10厘米，水面以上需留30～50厘米高。池底最好是水泥底，池壁用水泥和砖砌成，内壁要光滑，池壁要高出地平面10厘米以上，防止雨水直接流入池内。池沿砌成向池内伸出的倒檐（宽5厘米以上），以防止黄鳝逃跑。若是挖池处土质较硬，黄鳝钻不进洞，可以在池底和池壁加一层厚5厘米以上的三合土，打实。但接近地面处要用砖砌高出水面10厘米以上。进水口用竹管或塑料管做成，高出水面30～40厘米。排水口一般安装在泥底线下，以能将水全部排出为宜。从排水口向池内装一条80～100厘米的橡皮管，可以随时移动管口高度调节水的深度，管口安装网套防鳝逃跑。橡皮管口是溢水口也是排水口，可以排低也可以排干，以便每天进新水时随时可将污水溢出，又能保持水深。排水口要设在进水口对侧。在池底铺30～40厘米厚的含有机质较多的泥土，土层软硬要合适，使黄鳝能打洞又不会闭洞。铺好泥后，将鳝池注满水浸泡 2～3 天，然后将水排出再加满清水浸泡 3～4 天，脱碱。浸水排干后，再加水到 10 厘米深，就可放入鳝种。最好是先在池中试养几条黄鳝或小鱼，放池后在 3～4 天内一切正常时，再将鳝种投放。室外的养鳝池，可以在池内种一些水芋头、慈菇、茭白等，用于黄鳝遮阳和栖息。还可在池边上搭架种丝瓜、南瓜、葡萄等藤蔓植物，其藤蔓延伸至棚上，既可遮阳降低池水温度，也可防鸟类的危害。

二、放养

放养时要将不同规格的鳝种分池放养，其密度要根据鳝种规格和水源条件而定。一般每尾 20～25 克的规格，水源条件好的鳝池，每平方米可放养 3 千克，水源条件差的放养 2～2.5 千克。4 月中旬放鳝种，11 月底可收捕，成活率在 90％以上，每千克可达 8～10 尾重，最大的可长到每千克 6 尾左右。

三、投喂饵料

从自然环境中捕捉来的鳝种，由于不适应人工饲养的环境，一般不吃人工投喂的饵料，需经一段时间的驯养，才能逐渐摄食。其驯养的方法是，鳝种放养 3～4 天内不投饵，再将池水放干，灌入新清水，黄鳝已处于饥饿状态，可以晚上进行引食，引食的饵料最好选用黄鳝最喜爱吃的含蚯蚓浆成分的饵料，分成几小堆，投放在近进水口处，并适当进水，造成微流。投饵量：第一次的投饵量为鳝种总重的 1％；第二天早上检查，若全部吃光，则投喂量可增加到总体重的 2％；在水温 20 ℃～24 ℃时，投饵量可增加到体重的 3％～4％。若当天的饵料吃不完，必须将剩饵捞出，次日仍按前一天的投饵量投喂，直至正常吃食，驯饵就算成功了。养鳗的配合饲料喂黄鳝是最好的，在黄鳝已习惯吃人工投喂的饵料时，由于摄食量比较大，而且能将大块的饵料吞入，易造成消化不好，几天不摄食，甚至胀死。投饵时一定要将饵料切碎，做到量少次多，一天投喂 2～3 次，每次投饵时间相隔 4 小时左右，以 1 小时内吃完最好。投喂的饵料要新鲜无毒，可以煮成熟饵。发病死亡的动物肉、内脏及血等，不能投喂。投饵的最好办法是集中在鳝池的进水口处，便于饵料下水后其气味流遍全池，黄鳝会集中吃食。因黄鳝有晚上摄食的习惯，所以驯饵最好选择晚上，但晚上投饲操作不方便，待驯饲形成习惯后，投饵的时间向后推迟 2 小时，以后可再延迟到早上 8～9 时投饵 1 次，下午 2～3 时投饵 1 次。若投饵后 2～3 小时有剩余的话，要将残饵捞出，避免水质被污染，之后可适当减少投饵量。在正常的情况下，投饵后 1 小时之内已经食完的话，说明投饵量太小，应适当增加投饵量。投饵量还应根据天气的变化、水温的高低而变化，如阴天、闷热、雷雨天的前后，水温高于 30 ℃或低于 15 ℃时，都要适当减少投饵量。室外鳝池要投喂质量较好的饵料，但下雨天一般不投饵。为增加动物性饵料来源，可在鳝池上挂 3～8 瓦的黑光灯，灯泡离水面 5 厘米，引虫落水，使黄鳝吞食；也有用肉骨、腐肉、臭鱼等放在筐中，吊在池上，引诱苍蝇产卵生蛆，蛆掉入池中增加黄鳝的活饵料。

四、管理

（一）水质管理

　　黄鳝饲养池水浅，水质易恶化，导致黄鳝停食，并易患各种疾病。因此鳝池最好有微流水。鳝池内的残食和黄鳝的粪便，很容易使池水污染变质，所以要多换水，正常情况下 2～3 天换 1 次水，天热时每天换 1 次水，并清洗食物和被污染的地方，将污物随水流排出。进水的温度要尽可能与池水温度一致，水温温差不能超过 3 ℃。若水质好，黄鳝在吃食时，就会发出"吱吱"声，特别是晚上声音更清晰，可以根据黄鳝吃食的声音来判断水质的好坏。

(二) 做好防逃工作

要经常检查各进、出水口的防逃设施，及时发现是否有损坏，以便及时修理。在下雨时，特别是雷雨天，应防止雨水流入池中，黄鳝能随水流逃窜。

(三) 调控温度

高温季节一定要采取降温措施，遮蔽日光的直射，加强通风，在池四周喷水等。气温下降时要注意保暖，如防风和用薄膜覆盖保温等。

(四) 做好防敌害工作

主要是防止鸟、兽、蛇、鼠等危害。

五、防病

关键是加强水质管理和保证饵料新鲜，适量投饵，不擦伤鱼体。若发现死鳝应及时捞出；发现细菌性疾病，用 1 毫克/升的漂白粉全池消毒；发现寄生虫病可用 90％晶体敌百虫 0.4～0.5 毫克/升全池泼洒杀灭。泼洒药液后，要注意观察黄鳝的活动情况，发现黄鳝不适应需及时换水。

六、捕捞

当水温 10 ℃以下时，黄鳝就不再吃食，这时可开始捕捞出售。捕捞时先用手抄网捕，捕得差不多时将水放干再用手捕。若是打算养到春节时出售，可将水放干，使黄鳝全部钻入土中，然后在上面覆盖湿草包或稻草保温，或种上豆瓣菜（既可保温也可净化水质，还可固着泥土），到春节时翻土捕捉。捕得的黄鳝要迅速用水冲洗干净，再暂养在浅水容器内（如大木盆、木桶、缸、水泥池等），1天换水2～3次，待黄鳝将体内食物排出，就可起运销售。运输时，在容器内不要装得太多，以免挤压，途中避免吹风，以保持鳝体湿润。

第二节　稻田生态养鳝技术

稻田养殖黄鳝，成本低、管理方便，既增产稻谷又增产黄鳝，是增收致富的有效途径。近几年，这一新兴的生产项目在我国部分地区的农户中正在兴起。一般稻田养殖每平方米产黄鳝0.5～2.5千克，可增产稻谷6%～25%。稻田养殖黄鳝多采用垄沟式养殖方式，即在垄上种稻，沟中喂鳝，是种植业与养殖业结合的立体农业模式。

为了获得鱼的高产，仍应开挖鱼沟、鱼凼，一般在垂直于垄沟方向开1～2条鱼沟，用鱼沟连接鱼凼，形成沟沟相连、凼沟相通的水网结构。稻在垄上，水、肥、气、热通畅，根深叶茂；鱼在凼沟，水宽饵足，个大体肥，稻鳝共生，各得其所，增效机制来自于边缘效应。

一、稻田的整理

田块选择，应是旱涝保收的稻田，田埂加固，不漏不垮，能排能灌。面积以不超过1.5亩为宜，水深保持10厘米左右即可。稻田周围用纱窗布或塑料薄膜围栏，先铲去田埂内侧浮土，切一深槽将80厘米的纱窗布或薄膜下插20～30厘米深，回泥压实，可防逃、防打洞、防漏水。稻田沿田埂50厘米开一条围沟，田中挖"井"字或

"田"字或"十"字形鱼溜。鱼溜一般宽 30 厘米、深 30 厘米。所以沟与溜必须相通，开沟挖溜再插秧后，可把秧苗移栽到沟溜边。进、排水口要安好坚固的拦鱼设施，以防逃逸。

二、放养和管理

50 克左右的鳝种，每平方米放养 3～5 尾；25 克左右的鳝种，每平方米放养 5～10 尾。插秧后，禾苗转青时放养鳝种。稻田养鳝管理要结合水稻生长的管理，采取"水稻为主，多次晒田，干干湿湿灌溉法"。前期生长稻苗水深保持 10 厘米，开始晒田时，黄鳝引入溜凼中；晒完田后，灌水并保持水深 10 厘米至水稻拔节孕穗之前，露田 1 次；从拔节孕穗期开始至乳熟期，保持水深 6 厘米，以后灌水和露田交替进行到 10 月。露田期间，围沟和沟溜中水深约 15 厘米。养殖期间，要经常检查进、出水口，防止出水口堵塞和黄鳝逃逸。

三、投饵及培养活饵

稻田养鳝的投饵，投喂的饵料种类与一般养殖方式相同，但投喂的方法不同，要求投到围沟或靠近进水口处的凼中。在稻田中可就地收集和培养活饵料，如诱捕昆虫，沤肥育蛆，其方法是用塑料大盆 2～3 个，盛装人粪、熟猪血等，置于稻田中，会有苍蝇产卵，蛆长大后会爬出落入水中。水蚯蚓培养，其方法是在野外沟凼内采集种源，在进、出水口挖浅水凼，池底要有腐殖泥，保持水深数厘米，定期撒布经发酵过的有机肥，水蚯蚓会大量繁殖。陆生蚯蚓培养，其方法是用有机肥料、木屑、炉渣与肥土拌匀，压紧成 35 厘米高的土堆，然后放良种蚯蚓太平 2 号或木地蚯蚓 1000 条/平方米，蚯蚓培养起来后，把它们推向四周，再在空地上堆放新料，蚯蚓凭敏感的嗅觉会爬到新饵料堆中去，如此反复进行，保持温度 15 ℃～30 ℃、湿度 30%～40%，就能获得大量蚯蚓。

四、施肥

基肥于平田前施入，按稻田常用量施农家肥。禾苗返青后至中耕前追施尿素和钾肥 1 次，每平方米田块用尿素 3 克、钾肥 7 克。抽穗开花前追施人畜粪 1 次，每平方米用猪粪 1 千克、人粪 0.5 千克。为避免禾苗疯长和烧苗，人畜粪主要施于围沟靠田埂边及溜沟边，并使之与沟底淤泥混合，黄鳝对碳铵敏感。

五、黄鳝起捕

稻田黄鳝的捕捞方法很多。利用黄鳝喜在微流清水中栖息的特性，可采取白天关水、晚上排水的方法，黄鳝夜晚随水逃逸，在鱼溜处安网片，在缺口安网箱，定时起网可收捕 50%～60%。也可在田沟处用麻袋和编织袋内撒碎螺、蚯蚓诱捕。在稻谷收割以后，每年 11～12 月，黄鳝开始越冬穴居，这时也是大量捕捞黄鳝的好季节。先将稻田中的水排干，待泥土能挖成块时，翻耕底泥，将黄鳝翻出拣净按规格大小分开暂养待售。种鳝和鳝苗应及时放养越冬，以利于明年生产。

第三节 庭院式生态饲养法

庭院养殖黄鳝的面积可大可小，几平方米的养殖池即可养殖黄鳝，其特点是占地小、投资省、见效快、收益大。现将庭院式饲养法介绍如下。

一、鳝池建造

鳝池可以利用农家房前屋后的零星小坑、小塘改造，也可以充分利用农户庭院内空闲地开建，选择在环境安静、排灌方便、背风向阳、光线充足的地方，面积从 1 平方米到数十平方米不等，以 10～20 平方米为宜。鳝池池深 1 米，池壁用砖砌，并用水泥勾缝抹面，池底同样用砖铺底，水泥抹面。在池底、池壁上面铺设一层无结节网，网口高出池口 30～40 厘米，并向内倾斜，用木桩固定，以防黄鳝逃逸。在鳝池的上端设一进水口，相对一面，离池底高 35 厘米处设一排水口，进、排水口均用尼龙网布制作拦鱼网。池底铺上一层 20～30 厘米厚的含有机质较多的黏土，并适量栽种慈菇、藕等水生植物，以利黄鳝栖息。

二、鳝苗的来源与放养

(一) 鳝苗选择

放养的鳝苗应体质强壮、体表无伤、体色深黄并夹杂有黑褐色斑点的为最好，青色鳝次之，灰色鳝不宜作鳝苗。

(二) 鳝池消毒

鳝苗放养前，每 10 平方米鳝池用 2 千克生石灰化浆全池泼洒消毒，保持池水深 20～30 厘米，7～10 天后待药性完全消失投放苗种。

(三) 鳝苗放养

鳝苗放养时必须按大小分池放养，同一池要求鳝苗大小均匀，以 20～30 克/尾为好，一般每平方米可放养鳝苗 2～5 千克，放养时间在 4～5 月或 8～9 月。同时池内少量搭配一些泥鳅，其好处一是利用黄鳝的残饵和不能利用的食物，保持环境卫生；二是避免黄鳝打结成捆。鳝苗放养前，用3‰～5‰的食盐水或万分之一的高锰酸钾溶液浸泡10～15分钟，以杀灭鳝苗体表病原体。

三、饵料与投饲

（一）饵料

人工饲养条件下，饵料主要有蚯蚓、螺、蚌、蝇蛆、蚕蛹、小杂鱼、虾、动物内脏等。当动物性饵料不够时，也可喂米糠、浮萍、菜屑等植物性饵料。同时可在鳝池中央安置一盏灯诱蛾，以增加部分鲜活饵料。

（二）驯化

鳝苗放养后3天不投饵，第4天晚上投喂黄鳝喜食的蚯蚓和切碎的小杂鱼或动物内脏等，投喂量为鳝苗体重的1‰～2‰，第2天早晨进行检查，如饵料已被黄鳝摄食，晚上可适当增加投喂量，一般经过5天左右的驯化，均可开食。

（三）投喂

坚持做到定质、定量、定点、定时。

四、日常管理

一要加强水质管理，更换新水。二要搞好水温控制，一般在高温季节应搭建遮阳物，在池四周搭架种植南瓜、黄瓜、丝瓜等藤生植物，既能防暑，又能吸引昆虫等落入池内而被黄鳝苗摄食。三要及时清除残饵渣滓，防止腐烂、变臭。四要认真做好检查，发现有浮头征兆应及时换水，发现病鳝、死鳝应立即捞起处理，防止疾病传染。注意防止猫、蛇、畜、禽等对鳝苗的伤害。五要在雷雨天时及时排水，严防水漫鳝逃。

第四节　池塘生态型饲养法

池塘生态养殖黄鳝不但能较好地解决水质控制和饵料供应问题，而且成本低，方法简便，具有高密度、高效益的特点。

一、选塘

0.5～10 亩的池塘较好，2 亩左右为最佳。池塘还应具备下述条件：①水源无污染、大小适宜的天然水塘，塘水常年清新而不涸，最好是已有野生黄鳝生长或能养（已养）其他鱼类的池塘；②池塘既能进水、排水，又能防逃，对选好的池塘要适当进行人工整理，以达到改善水质、便于饲养管理、更有利于黄鳝生长等目的；③池塘整理后，每亩用 5～10 千克生石灰清塘，放养前兑水，全池均匀泼洒。

二、建池

选用池深 1.5 米、坡度 75°的池塘，用水泥抹光，池四周高 1 米左右，池内浮泥深 30 厘米，池底为黄色硬质池底。将浮泥每隔 1 米堆成高 25 厘米、宽 3 厘米的"川"字形小土畦，池塘内周围留宽1.5 米左右的空地种草。

三、培养蚯蚓

土畦堆好后，使水沟中的水保持在 5～10 厘米深。每平方米土畦投放蚯蚓 2.5～3 千克，并在畦面上铺 4～5 厘米厚的经过发酵的牲畜粪，作为蚯蚓的饵料。以后每隔 3～4 天将上层牲畜粪铲去，重新铺一层。如此反复，经 14 天左右，蚯蚓已大量繁殖，即可投放鳝种。培养蚯蚓可为黄鳝提供春、夏、秋季的大部分饵料。

四、鳝种投放

清塘20天后放养。每亩放养10克左右的鳝苗6500～7000条。无病、无伤、健壮的鳝苗可直接下塘饲养，不可投放病、弱、伤、黏液少的鳝苗。初次放养时，要选择大小一致的鳝种，以后通过自然繁殖，可不再投放种苗。肥水塘可不投或少投饵料，瘦水塘适当投喂。饵料种类为蚯蚓、蝇蛆、小鱼、黄粉虫、米饭、糠及切碎的青菜等。

五、管理

1. 饵料明显不足时，可补喂螺、蚌肉及混合饵料。饵料过剩时，要及时将饵料打捞出池。

2. 田螺摄食土壤中的微生物、硅藻类及鱼类残饵，黄鳝长大后可吞食较大的田螺。应根据饵料情况补充种螺。

3. 水深保持在10厘米左右，并一直要有微流水。同时，做好防逃、防病、防敌害等日常管理工作。

六、捕捞

鳝种投放后，第二年元旦收获。收获时放干池水，用手翻开土垛和池泥；也可采用笼捕的方法，晚上放笼，早上起笼。捕大留小，周年繁殖，1次放养，年年获益。每隔2年左右捕获1次。每平方米可产商品黄鳝2～3千克。利用此法养黄鳝，用工少、成本低、效益高，口味与野生黄鳝一样。

第五节 流水鳝、蚓合养法

利用流水同时养殖黄鳝和蚯蚓，将蚯蚓和黄鳝混养在一起，蚯蚓繁殖长大后直接供黄鳝摄食。

一、建池

选择有常年流水的地方建池。池为水泥池，池的面积30平方米、50平方米、80平方米都可以，池壁高80~100厘米，在对角处设进水口和出水口，要装好防逃设备。

二、堆土

在池中堆若干条宽1.5米、厚25厘米的土畦。畦与畦之间距离20厘米，四周与池壁也保持20厘米距离。所堆的土一定是含丰富有机质的壤土，以便于蚯蚓繁殖，黄鳝钻洞和藏身。

三、培养蚯蚓

土堆好后，使池中水深保持5~10厘米，然后每平方米土面积放太平2号或北星2号蚯蚓种2.5~3千克，并在畦面上铺4~5厘米厚、发酵过的牛粪，让蚯蚓繁殖，以后每3~4天，将上层被蚯蚓吃过的牛粪刮去，每平方米加铺新的发酵过的牛粪4~5千克。这样过14天左右，蚯蚓大量繁殖，即可放入鳝种。

四、放养鳝苗

放养密度要看鳝种规格而定，以整个池面积计算，每千克30~40条的，每平方米放4千克；每千克40~50条的，每平方米放3千克。这样从 4 月养到 11 月，成活率在 90% 以上，规格每千克 6～10 尾。

五、日常管理

鳝种放入后，池中水深保持 10 厘米左右，并一直保持微流水。以后每 3～4 天将畦面牛粪刮去一层，然后每平方米加 4～5 千克发酵过的新牛粪，保证蚯蚓不断繁殖，供黄鳝自己在土中取食，不再投别的饵料。其他管理与普通养殖方法相同。

这种繁殖方法由于水质良好，有优良的活饵料蚯蚓供黄鳝取食，因而黄鳝不易发病，生长快，产量高，经济效益好，一般每平方米可产黄鳝 14～15 千克。

【实例介绍】

牛粪养蚯蚓，蚯蚓喂黄鳝，蚯蚓粪还可以作有机肥料

蚯蚓是吃泥土的，但在石璜镇楼家村，却有一种生活在牛粪里的蚯蚓，它们吃进臭烘烘的牛粪，排出优质有机肥蚯蚓粪，不仅解决了令人头疼的牛粪污染问题，而且出售蚯蚓和蚯蚓粪还能获得不菲的经济效益。

走进楼家村丁家庄的蚯蚓养殖场，只见场内 20 多亩地被隔成一个个竖条，每个竖条里都堆放着牛粪。置身其中，记者却闻不到刺鼻的牛粪臭味。蚯蚓饲养员胡登其抓起一把牛粪，只见里面红色的蚯蚓一个劲地往外钻。这种红蚯蚓叫"日本太平 2 号"，最喜欢吃牛粪，每天消耗量惊人，除冬天冬眠外，20 亩的蚯蚓每天可以消耗 15～16 吨牛粪。被蚯蚓消化过的牛粪，全部变成了疏松略带黑色的残余物，这些残余物就是蚯蚓粪，它一点臭味儿都

没有。

用牛粪养蚯蚓，是青草坡奶业专业合作社与一黄鳝养殖大户联营的生态农业项目。目前青草坡奶业专业合作社的牧场内有600多头奶牛，每天可产生10吨左右的湿牛粪。过去，牛粪大多用来还田，或卖给附近农民当堆肥用，往往造成环境污染，但自从引进牛粪养殖蚯蚓这一项目后，这个问题就迎刃而解了。

青草坡奶业专业合作社负责人李忠还说，自去年下半年奶牛场引进这个项目后，他们的600多头奶牛积累的牛粪就基本能消化完。

跟李忠一样，联营者黄鳝养殖大户邱志伟也显得十分满意。他告诉记者，他养的60亩黄鳝，就是以蚯蚓为主食的。黄鳝喜欢吃蚯蚓，蚯蚓的高蛋白可以达到85%左右，吃蚯蚓长大的黄鳝味美，是名副其实的绿色食品，十分受消费者欢迎。

"除了用蚯蚓喂养黄鳝，蚯蚓排出的粪便也是宝贝。"邱志伟说，蚯蚓粪是有机肥料，自己种植的108亩葡萄，就是把蚯蚓粪当作肥料用，提高了产量和质量。

目前，这个蚯蚓养殖场每年的收益十分可观，据了解，每亩土地一年可收获蚯蚓2000千克左右，亩产值达6万元；蚯蚓粪一年一亩地可产20吨，每吨可卖450~500元，20亩的话收入可达20万元上下。

（来源：嵊州新闻网　作者：马秋瑾）

【采访札记】

湖南省两年段黄鳝养殖法

主持人：湖北的仙桃市是我国养殖黄鳝比较集中的地区，随着养殖户的增加，竞争自然是越来越激烈了。不少渔民因为养出来的黄鳝规格小，很难在养殖中获得高收益了，那怎么才能养出更大的黄鳝呢？

养殖户：感觉到这两年没有前几年的效益好了。

记者：那是怎么回事呢？

养殖户：因为现在我们这个地方养黄鳝的特别多，进苗价格也非常之高。

记者：现在长得怎么样？

养殖户：目前长得一般化，10月份最大的也就100克、150克。

然而，同是在仙桃350~400克，水产局示范养殖场的黄鳝就不一样了，每条重量可以达到。两家的黄鳝一看就分出高下了。

（采访）刘登科：一年段的黄鳝养殖它就只能长到100~150克重，但是我们两年段黄鳝的养殖，大家可以看到这个很粗的，而且这个重量每条可以达到350~400克。两年段养殖的黄鳝价格远远高于一年段养殖的黄鳝销售价格。

难怪呢，原来个头大的黄鳝都是养殖时间比较长的。常规一年段的黄鳝养殖都是当年6月中下旬驯苗养殖，到10~11月销售，实际上整个养殖周期只有五六个月的时间，所以黄鳝的规格比较小。而刘局长说的两年段是将黄鳝进行了跨年度的养殖。

（采访）刘登科：就是通过黄鳝在先一年的时候，进了苗之后，通过秋季的培育，冬季的越冬管理，春季再驯化，通过两年段养殖的黄鳝。

养殖周期长了自然会长得大，这是明摆着的好方法，为什么通常养殖户都不采用呢？养殖户当然想着能把黄鳝多养些时间，可问题的关键在于黄鳝受不了低温。

黄鳝最适宜生长的温度是 15 ℃~32 ℃，如果气温在 10 ℃以下的时候，黄鳝会钻到淤泥中，基本处于冬眠的状态，也就是不吃食，也不活动。而在低于 5 ℃以下的时候，很容易发生冻伤或者冻死的现象。

（采访）刘登科： 到冬季的时候，虽然黄鳝生长规格还没有达到市场的要求，但是为了避免在冬季冻死、冻伤，造成更多的损失，渔民只能在进入冬季之前的时候，把这个黄鳝集中上市。

在湖北仙桃，通常冬季的最低温度在 0 ℃~5 ℃，个别年份会低于 0 ℃，这就使得黄鳝很难安全过冬，养殖户们才不得不赶在秋天把黄鳝全卖出去。从黄鳝的养殖周期上说，如果能将进苗时间提前的话，也能拉长养殖时间，然而，这条路很难走得通。

（采访）杨新华： 这是黄鳝的生理原因，决定它投苗的时间，黄鳝从三四月份越冬以后，就要开始产卵了，在五月份产卵以后它的体质比较瘦弱，所以说必须要让它生长一段时间，再开始捕捞、收购、投苗。

这样算来，先赶上了进苗最集中的时期，这会儿又得集中销售，养殖的效益怎么能好呀。

（采访）刘登科： 由于一年段养殖的时候，黄鳝的苗种在集中购苗的期间，价格还比较高，有时候质量还出现问题。同时就是集中上市，黄鳝上市的价格也受到了挤压。

提前养殖不行，想延长养殖时间又有冬季低温这只拦路虎，这该怎么办呢？技术人员经过反复分析，最终决定通过改进人工养殖措施，把让黄鳝安全越冬作为突破口，开始琢磨进行两年段黄鳝养殖的技术。

主持人：根据对黄鳝生理特性的分析，拉长养殖时间的突破口就是革新黄鳝的秋冬季管理，让黄鳝安全越冬，进行两年段的黄鳝养殖。可是湖北仙桃的水产科技人员没有把眼光只盯在秋冬季，从春季的选苗开始他们就有了一些变化。

在进苗的集中期，养殖户都开始着急买苗投喂了，准备两年段养殖实验的技术人员却按兵不动，一直没有选苗。

（采访）杨新华：一年段的投苗时间是在 6 月底至 7 月 20 日，而两年段的投苗时间一般都是在 7 月 20 日至 8 月 20 日。

明明是想拉长黄鳝养殖的时间，这下子怎么反倒将进苗的时间向后推迟了将近一个月呢？

（采访）杨新华：主要的原因是，第一错开了收苗的高峰期，价格要便宜，第二质量要好，第三投放下去的成活率要高。

赶着进苗的集中期，价格高质量差；而错后选苗，却能符合他们想选的黄鳝苗标准。现在他们选的苗子都是 30 厘米长的，20～30 克重的。要挑那些体格比较健壮，无病无伤的，像这些有病伤的鳝鱼苗都要淘汰掉。

（采访）杨新华：要活力比较强，这个抓在手里抓不住，放在这里跳跃性比较高，这样就是有活力的，如果抓在手里萎蔫不动的苗子，那这个苗子不能作为投放的两年段养殖的。笼捕的或是网围的这些苗子是比较好的。如果是钩吊的、投药捞起来的苗子是不能要的。

苗好产量高，两年段养殖的黄鳝要经过一个冬天的考验，所以对待基础的选苗工作，技术人员开始严格要求起来。从 7 月、8 月进苗到冬季黄鳝进入冬眠，实际上当年只有两三个月养殖的时间。这个时期就是让它们住好、吃好，以有个好身子骨安全越冬。

　　网箱里还要像以往一样种上水草，因为黄鳝怕晒，喜欢栖息在这些水生植物的根茎间，同时，水生植物的叶片还能为鳝鱼遮阴。可要搞两年段养殖，水草必须在冬季也能起作用，所以，水草的种类就要有所选择了。

　　（采访）田宏涛： 常规的水草有水花生和水葫芦，在一年段养殖过程中水花生和水葫芦都可以，但是两年段养鳝一定要用水花生。因为进入冬季的时候，水葫芦叶片容易枯萎，根须老化。水花生叶片虽然枯萎死掉了，但是它的根系比较厚实，盘根错节，可以给鳝鱼提供足够的栖息环境。

　　一般在进鳝鱼前 20～30 天，用镰刀割水草的茎叶铺在网箱里，占网箱面积的 80% 左右，等水草长好就可以投放鳝鱼了。想要让黄鳝长得壮一点以安全过冬，就要想办法增加黄鳝的摄食量，而水质的好坏直接影响着黄鳝的摄食量。通常一年段黄鳝养殖10～15 天换一次水就行了，而现在，技术人员增加了换水的次数。

　　（采访）许阎梅： 两年段黄鳝的换水频率要高一些，我们对水体质量要求更高一些。水的环境好，黄鳝生活得好，抵抗疾病的能力才能更强一些，更利于它越冬成长。

　　一般 5～7 天换一次水，每次换水约为 10%。保持水质清新，浮游生物丰富，以嫩绿色、浅褐色的水为标准，透明度控制在 35厘米左右。

　　对于那些水源条件不好的池塘，换水不大方便，养殖户可以用定期往水道和网箱里泼洒光合菌的办法来调节水质，使用量要根据水质情况而定，可以 7～15 天泼洒一次。

（采访）许阎梅： 光合菌是一种微生物制剂，它像一个比较好的、勤劳的清洁工一样，它可以把水体的一些残渣、残饵及有害物质，比如氨氮、亚硝酸盐、硫化氢都进行有效分解。

主持人： 能有一个强壮的体质，顺利越冬应该不成问题。为了黄鳝能强壮，技术人员从选苗开始就一直特别的精心。就这样，秋天来了，按照以往一年段养殖的黄鳝，这时候的喂养快结束了，而对于要养两年段的黄鳝来说，却到了喂养的关键期。

在一年段养殖过程中，上市前都会给黄鳝加餐，进行育肥，每天给鳝鱼增加 5% 以上的投喂量，食谱为动物性饵料占 50%，饲料占 50%。这样鳝鱼能长得胖一些，就能够在销售过程中卖个好价钱。现在不卖了，要继续养，技术人员想体胖好过冬，于是把过去的育肥法照搬了过来。

（采访）秦丙扬： 在秋季养殖过程中，我们采用一年段养殖的方法，我们以为把鳝鱼养得又大又胖，那么就能够很好地越冬。

可没想到的是，进入冬季，鱼池里的黄鳝没有安稳地进入冬眠，冻死的不少。通过观察它们发现，这样喂，黄鳝是喂肥了，可体质并不好，御寒的能力非常弱。

（采访）秦丙扬： 这个就给我们的养殖造成了不小的损失。后来，我们就改变了这个养殖的策略，秋季养殖就不再仅仅是把鳝鱼养得大、养得壮了。改为了既让鳝鱼有一定的增重，又让鳝鱼有足够强的体质能够抵御冬天的严寒，能够很顺利地越冬。

要避免黄鳝的虚胖，还得从饮食上进行调节。

（采访）秦丙扬： 首先我们把摄食量给它降低，不再是 5%，而改为了 2%～3%。虽说只降低了 2% 左右，但是对于我们整个鳝鱼体质的提高是特别有好处的。另外，我们还改变了鳝鱼的饲料比例，我们利用蝇蛆、蚯蚓和鱼糜作为主要的动物性饵料约占70％，配方饲料的比例实际只占30％左右，同时我们在里面适当地加入复合维生素、活力素等。这样就提高了鳝鱼的体质。

对比这个食谱就看出差别了。两年段增加的投喂量从5％降到了2％～3％，动物性饵料从50％增加到了70％。加餐：复合维生素、活力素等。对鳝鱼饲料比例调整后，饲料是以动物性饵料为主的，这就比较符合鳝鱼在野生条件下的摄食习性，也有助于提高鳝鱼的体质。

（采访）秦丙扬：降低2％以后，那么3％的投喂量对于鳝鱼的生长是恰到好处的，既能够让鳝鱼有一个比较不错的增长，又能够保证鳝鱼不至于虚胖，有一个比较好的体质才能越冬。

经过秋季精心喂养的黄鳝在进入12月后就会逐渐进入冬眠期了。对这些黄鳝真正的考验也就要到了。

（采访）秦丙扬：当地养殖户在养鳝过程中，一般是不敢让鳝鱼越冬的，因为我们这个地方在冬天的时候，水温在0 ℃～5 ℃之间，在0 ℃的时候水面就会结冰，就会导致一部分鳝鱼冻死、冻伤。

池水结冰就会导致网箱里的黄鳝因缺氧而死。技术人员们在对当地鱼塘的观察中发现，大多数水位在80～100厘米的鱼塘，在气温为0 ℃的时候水面非常容易结冰。但是，有些池水深度大于1.2米的鱼塘并没有发生结冰的现象。

（采访）秦丙扬：在两年段的养殖过程中，我们就有意识地把水加深到1.2～1.5米，这样水面基本就不结冰了，就能够很顺利地保证鳝鱼不被冻伤，能够顺利地越冬。

鳝鱼能活下来的极限低温是 0 ℃～5 ℃。为了进一步保持池水的温度，技术人员们还在水草上动了脑筋。在越冬前要精心培育水草。

（采访）秦丙扬：水草即使在冬天的时候，水上面的水草都已经枯萎了，但是水下面水草的根系盘根错节，能够保证有20厘米以上的厚度，就能够给鳝鱼提供足够的栖息环境。

如果水草的厚度不足的话，养殖户可以从网箱外面，成团地移入水草，水草占网箱的比例要达到80％以上，这样网箱里面就不会出现大块的结冰现象，就能够保证鳝鱼能够正常地活动，正常地呼吸。

（采访）秦丙扬：但更靠北一点的地方，可能冬季的时候，水温会更低一些，那么遇到这种情况的时候，我们可以在网箱上面覆盖一块塑料布以保温。

主持人：通过一系列的措施，鳝鱼平稳地从秋季活到了第二年的春天，没有什么大的损失。这时科技人员都感到很高兴，照这样春天只要按照正常饲喂，养殖时间再拉长，上市时肯定产量有大幅度提高。但在销售鳝鱼的时候，他们却大失所望。

（采访）秦丙扬：我们当年一年段的养殖到年底的时候，这个产量基本上是 35 千克接近 40 千克的产量。但是，经过我们两年段养殖，整整多了一个养殖季节以后，产量也只有 140 千克，增重并不特别理想。

要说在越冬后，每个网箱大约只有2％，也就是 6 条左右的病弱鳝鱼，说起来损失也并不算大。可为啥其他的黄鳝就不长个呢？

（采访）秦丙扬：有一部分鳝鱼规格比较大。这一部分大鳝鱼大概占整个鳝鱼的20％，但是其他80％的鳝鱼呢，个体始终不是特别大。

同一个网箱里出现大小不均的黄鳝，是养殖黄鳝的大忌。黄鳝争食现象特别严重，以大欺小，以强凌弱。

（采访）秦丙扬：那么经过越冬处理以后，我们春季的时候有一个强化管理，经过这个强化管理以后，等到我们在4月起箱看的时候，这个大的就更大了，小的始终长势不是特别理想。

20％的大鳝鱼，在吃食的过程中，就把个体小的鳝鱼的食物全抢光了，这样导致的结果就是小部分大鳝鱼越长越大，而大部分小鳝鱼始终长不大，所以即使把整箱鳝鱼养到第二年年底，整个产量也并不高。

找到了病根，就容易整治了。到了黄鳝冬眠结束以后，春天技术人员们就开始给黄鳝分箱。

（采访）秦丙扬：分箱养殖一方面能够把病弱的鳝苗全部剔除掉保证网箱里面的黄鳝都很健康。另一方面，能够按大小规格进行分级，保证各有各的规格，分箱养殖。第三点就是能够控制网箱里面的数量。

分箱时间一般选在4月初进行，分箱规格可以分为三个等次，分别是50克以下、50~100克、100克以上。

（采访）秦丙扬：这个就是大规格的，那么这种鳝鱼我们就把它放到这个大规格的箱子里面，等一下就把它养到大规格的网箱。像这一种个体在大拇指以上大小是中等规格的。这个规格基本就是50克左右，我们就把它作为中等大小来养殖。还有像这一种个体就是小的，这个就在50克以下，我们就把它作为小规格来养殖。

分箱的目的就是要避免大小混养，让最终上市的产品都比较整齐，分箱的密度也相当讲究。

(采访) 秦丙扬：这种大鳝鱼对空间的需求特别严格一些。鳝鱼长到一定的时候，网箱里面就会特别拥挤，影响鳝鱼的吃食和活动。

分箱的密度是由鳝鱼的规格来决定的，有三种不同的投放量。

(采访) 秦丙扬：一般情况下，鳝鱼在50克以下的时候，每一箱投放量为10千克，保证里面基本的条数在200条左右。50～100克的鳝鱼，每一箱投放量在12.5千克左右，保证里面基本条数在180条。100克以上的鳝鱼，每一箱投放量是15千克，基本条数是150条，这样呢，到年底的时候，就能够有一个比较好的产量，同时规格都比较整齐。

分箱的密度是经过严格测算得来的，如果投放量过少，就会导致整体产出不足，效益太低。而密度太大，就会导致黄鳝的采食和活动受到影响。

越冬后的鳝鱼，现在有了一个比较宽松的居住环境，虽然它们的体质还不是特别强，但马上它们的营养大餐就来了。

(采访) 秦丙扬：这个时候我们要对它进行一个强化管理，那么这个强化管理一般我们选择在4月左右，水温达到15℃以上的时候进行，强化管理的时候，我们主要使用一些动物性的饲料，包括蝇蛆、蚯蚓或者是鱼类，这样能够很快地提升鳝鱼的采食量。

所谓两年段养殖，并不是说把鳝鱼要养整整两年，而是在第二年春季分箱、强化管理之后，可以根据市场行情，有计划地进行育肥处理和销售。一般在端午节以后便能达到比较大的商品规格，就可以分时段上市了。养殖户通过比较，两年段养殖效益可以达到一年段养殖效益的 3 倍以上。

主持人：湖北仙桃的水产科技人员通过摸索，拉长了黄鳝养殖时间，黄鳝通过两年段养殖，都能长到比较大的规格。养殖时间长了的同时，销售鳝鱼的时间也拉长了，摆脱了集中销售的风险，养殖户的收益更好。

（摘自：http://www.5iyzw.com 作者：曹振亚）

【五种养殖模式】

五种常见的黄鳝养殖模式

稻田养殖

稻田不干涸、不泛滥的田块均可利用，面积以不超过 1 亩为宜，水深保持 10 厘米左右即可。四周田埂最好用砖或条石砌成，高 40 厘米，宽 30 厘米，墙顶出檐 5 厘米，以防黄鳝用尾巴钩墙

或钻洞逃跑，还可以用 70 厘米×40 厘米的水泥板护田埂与地面成 90 度角，下端埋入田底 10 厘米左右，上面加砖、石、土等作埂。如果是粗改粗养，只要加高、加宽田埂注意防逃即可。田中央挖一个面积为 4 平方米、深 0.5 米左右的水凼。沿田埂四周要开挖围沟，田中挖井字形鱼溜，一般宽 30 厘米，深 30 厘米，所有沟与凼必须相通，开沟挖凼在插秧前后均可。如在插秧后，可把秧苗移栽到沟边、凼边，这样就不会减少秧苗的株数。进排水口要安好坚固的拦鱼设备，以防黄鳝逃逸。

水泥池养殖

选择向阳、通风、水源方便的地方建池。一般为水泥、砖面结构，建半地下式池子，大小以 6～20 平方米为宜，池面和底部要打磨光滑，以免鳝体受伤。池角砖应为圆弧形，池檐向内侧伸出，设进排水口和溢水口，进水口一般要高出水面 30～40 厘米，排水口安装在池底下。溢水口一般设在高于泥面 20 厘米处。排水口和溢水口应设在进水口对侧，并且各水口都要用金属网做好防逃装置。上述工作做好后，应对水泥池采取脱碱措施。因为酸碱度上升，会使养殖黄鳝受损，其方法是每立方米水中溶入过磷酸钙肥料1千克或酸性磷酸钠20克，浸泡2日后用清水冲洗干净，即可进行下一步工作。

水泥池养鳝分有土和无土两种养殖方式，这两种方式都要栽种水花生或水葫芦，以在炎热季节起调节水温和供鳝鱼避暑的作用，可全池种满，只留几个投食点（约1/10的空间）。

1. 有土养殖 以底铺20~30厘米泥土为宜，泥层表面以上水位应保持在20~25厘米。水过深则鳝鱼在活动中要消耗过多的能量，过浅则水体易浑浊且水温变化大。

2. 无土养殖 水位保持在30~40厘米为宜。其优越性在于水体消毒效果好，易操作。而有土养殖，消毒时药力较难作用到泥土中、底部，且易滋生各种寄生虫及其中间寄主，如蚂蟥、扁叶螺、框实螺、细菌等。

土池养殖

采用土池养殖黄鳝，改造1亩稻田，仅需投资4000元左右，加上配套修建几口观察池，总投资仅5000元左右，成本比网箱还低。土池养鳝采用泥埂代替了网箱的"跳板"，加上土池内水的深度为50厘米左右，管理非常方便。我国的稻田众多，利用稻田直接开展黄鳝养殖，平时的管理、观察、捕捞都很成问题，也不能够形成产量。将稻田改建成土池便于集约化管理，容易形成较高的产量。据有关数据统计，采用传统的稻田养鳝，亩产黄鳝仅100~200千克，将其改建成土池后，亩产可达2000千克左右。对于没有其他场地或初期的资金不多的养殖户，这无疑是养殖的首选。修建土池选用能灌水达40厘米以上的稻田，四周将聚乙烯网布埋到20~30厘米的泥土下，其余网布要打桩固定以防逃。稻田中间也用网布隔成一个50~100平方米的土池，池中放竹框铺水草即可。

网箱养殖

采用网箱养殖的方式进行黄鳝养殖现在还处在技术发展阶段。网箱养殖适合在大的水体中进行，主要优点是水流通过网孔，使箱体内形成一个活水环境，因而水质清新，溶氧丰富，可实行高密度精养。

主要养殖技术如下：网箱面积以20平方米左右为佳，网长5米、宽4米、高1米，其水上部分为40厘米，水下部分为60厘米。网质要好，网眼要密，网条要紧，以防水鼠咬破而使黄鳝逃跑。网箱设置在水深0.8米以上的池塘中，新做的网箱放入水中应过35天待其散发出来的有害物质消失后才可放养鳝种。鳝种放养前几天应适当培育水质，使水色偏浓，透明度为15厘米左右，这样可控制或减少池塘中的蚂蟥对黄鳝的侵害。网箱可并排设置在池塘中，两排网箱中间搭竹架供人行走及投饲管理。网箱的设置面积不宜超过池塘总面积的50%，否则易引起水质恶化。网箱中放置水草，最好是水花生，其覆盖面积应占网箱面积的90%～95%，为黄鳝的生长栖息提供一个良好的环境。黄鳝因有相互蚕食的习性，故放养时以规格基本一致为宜。一般每平方米可放养鳝种20千克，每只网箱放养400千克。黄鳝吃惯一种饲料后很难改变习惯再去吃另一种饲料，故应将其饲料固定几个品种，如蚯蚓、蚌肉、小鱼或动物内脏，以提高其生长速度。有条件时可投放活饵料，因其利用率高，不用清除残饵，对网箱污染少，有利于黄鳝的生长。

黄鳝网箱养殖最为关键的阶段是放养后一个月内。这一时期是黄鳝改变原来的生活习性，适应新环境的过程。如果方法得当，鳝种成活率可达90%以上，方法不当则成活率有时在30%以下甚至全部死亡。这一个月是黄鳝网箱养殖成败的关键所在，除应做好鳝种的消毒和驯化外，还应有效地控制疾病的发生，具体方法是用水体强力消毒剂和生石灰交替消毒，杜绝病原体的产生。

塑料大棚无土流水养殖

常规的池塘养殖，易发生疾病且黄鳝冬眠影响常年养殖。用塑料大棚养殖黄鳝可以一年四季连续生产，无土流水养殖可有效地控制疾病，使效益成倍提高。黄鳝最适宜的生长温度是27℃～30℃。采用塑料大棚，不用专设采暖设备，在春、夏、秋棚内温度都易保持这一温度，即使在寒冬，棚内平均温度也能达到20℃。饲养池中保持微流水，水质不会恶化。塑料大棚无土流水养殖主要有以下两种方式：

1. 开放式

适宜在长年有温流水的地方建池。优点是流量稳定，适于较大规模的经营。饲养池用砖和水泥砌成，每个池的面积为 10~20 平方米，池深为 40 厘米，宽 1~2 米，池埂宽 20~40 厘米。在池的相对位置设直径 3~4 厘米的进水管、排水管各 2 个。进水管与池底等高；排水管一个与池底等高，一个高出池底 5 厘米。进、排水管口均设金属网防逃。将若干个饲养池并列排成一个单元，每个单元的面积最好不要超过 500 平方米。

2. 封闭循环过滤式

适宜在大城市或水源缺乏的地方使用。其优点是饲养用水可以重复使用，耗水量较少，便于控制温度，但投资稍大。饲养池的建法与开放式相同。另外需建造曝气池、沉淀池，增加一些净水设备、抽水设备和加温设备。塑料大棚的建造与普通大棚相同，最好每个单元放在同一个大棚内，这样便于管理。

采用塑料大棚无土流水养殖这种饲养法，由于水质清新，只要饲料充足，黄鳝一般不会逃逸。但要注意防止鼠、蛇等天敌危害。饲养一段时间后，同一池的黄鳝出现大小不均，要及时分开饲养。

（摘自：水产养殖网）

【最新进展】

江苏张家港"土专家"首创黄鳝工厂化养殖新模式

大棚里一个占地 6 平方米的网箱，配上特制塑料板拼成的人工巢穴，模拟出接近野生黄鳝生长的洞穴环境，黄鳝可从 15 千克猛增到 100 千克，产量可提高五六倍。王忠华首创的"人工鳝巢"，每个网箱里的"人工鳝巢"有500多个洞，可以生长500多条黄鳝。这个由港城"土专家"王忠华首创的"人工鳝巢"工厂化养殖新模式，已申请了2项发明专利，并列入了国家星火计划。

前天，在张家港市大新镇的华阳生态黄鳝工厂化养殖基地，王忠华正对一个提前投放黄鳝苗的"人工鳝巢"网箱采集数据。"投放了7.5千克黄鳝苗，经过40天生长，达到15千克，没有发现一条黄鳝死亡。"王忠华说，每年6~10月是黄鳝的生长期，接下来将按每个网箱40千克的标准批量投放黄鳝苗。

王忠华的基地占地10亩，总投入250万元，是中国水产科学研究院淡水渔业研究中心黄鳝试验基地。基地大棚里，整齐地分布着近500个黄鳝养殖网箱。网箱的水中泡着密密麻麻的"人工鳝巢"，这些"人工鳝巢"由一块块带凹槽的塑料板拼装而成，黄鳝就在里面钻来钻去，栖息生长。"每个网箱里的'人工鳝巢'有500多个洞，可以生长500多条黄鳝，每个网箱的黄鳝产量可达100~150千克。"王忠华说，亩产可达0.5万千克，理想目标是亩产7.5万千克。

王忠华有20多年的黄鳝养殖经验，曾4次登上央视荧屏，他首创的"葡萄与黄鳝立体种养"模式还吸引了亚非多地的渔业官员来参观。黄鳝是洞穴性鱼类，喜阴怕光。王忠华说，目前普遍采用的水草养殖模式，阳光不能照到水里，水质容易变差，氧分又会被水草"吃掉"，黄鳝存活率比较低，养出来个头小。"立体种养，黄鳝加上葡萄，亩均产值大约10万元。"

为了养出个头更大的黄鳝，王忠华不断尝试。最终，他从蜂巢上得到启示，参照蜂巢发明了独特的鳝巢，并从去年开始工厂化养殖。"黄鳝藏在人工巢里，就不怕阳光。有了充足的光照，水体容易保持平衡。没有了水草，养分不流失，黄鳝吃得更好。大棚里还便于控制温度，不怕恶劣天气影响，黄鳝存活率大幅提高。"王忠华说，"以前两三天就要换一次水，现在每个月换一次水，3名工人管理就够了。"

工厂化养殖突破了黄鳝生长周期的限制。张家港市水产站工程师杨正锋介绍，传统室外养殖，6月投黄鳝苗开始生长，10月生长期结束。大棚养殖，提高水温后，4月就能投黄鳝苗，黄鳝生长周期多了2个月，个头自然也更大。

有了"人工鳝巢"，黄鳝养殖产量大增，效益更加可观。王忠华说："预计每亩产值可达30万元，每亩纯收益10万元以上。"

（摘自：中国水产养殖网）

第九章　鳝病的生态预防与治疗

第一节　生态预防技术要点

随着黄鳝养殖规模的不断扩大，集约化程度的提高，以及异地引种的频繁，使得黄鳝发生病害的频率增高，病害种类增多，危害程度增大，黄鳝的病害已成为生产中一个不可忽视的问题，其发生给养殖户造成重大的经济损失，而且也挫伤了养殖户的养殖积极性。由于黄鳝生活在水中，它的早期病况不易觉察，且黄鳝一旦得病，治疗也有一定困难，在病害发生以后，病鳝已失去食欲，即便有特效药物，也无法进入鱼体内，鱼病的药物治疗仅限于救治尚未丧失食欲和抢食能力的病鳝。而一些泼洒类药物，由于用药量大，成本高，污染水质，在大面积的湖泊、河道及水库，同样无法使用。因此对黄鳝病害的防治也应遵循"无病先防、有病早治、防重于治"的原则。

病害的发生和流行是在病原、寄主（鱼）和环境三者关系失去平衡时才会发生。水质恶化，肥而不爽，细菌大量繁殖，黄鳝体表受伤，黄鳝易患细菌性疾病；食物中含有寄生虫，水质恶化，黄鳝体弱，易患寄生虫病；水环境温度过高或者变化过大，黄鳝容易有发热、感冒或昏迷等症状。任何生物的生存，都有一定的生态条件，鱼病的发生发展与生活环境有着密切的关系，水域环境条件好，适合鱼类的生存，病原体就难以危害鱼类；倘若环境条件很差，不适合鱼类生长，就降低了鱼类的抗病能力，病原体便乘虚而入使鱼类得病。结合黄鳝的生活习性和养殖水体的生态环境特点，根据鱼病产生和发展的规律性，创造一个有利于鱼体健康生长、增强抗病能力、控制病原滋生蔓延的生态环境，以达到生态防控鱼病的目标。充分地利用生态环境，加强饲养和水质管理，起到生态防控疾病的作用，使养殖、生态与环境协调发展。

一、营造良好的生态养殖环境

黄鳝尽管属于鱼类，但其生活习性与其他常规鱼类有诸多不同，对其生活的生态环境也有独特的需求。在黄鳝养殖过程中，养殖户尽可能地营造一个符合黄鳝生长需求的生态环境，这能有效地预防病害，从而提高养殖效益。具体可采取以下措施：

（一）合理建设规划鱼池

黄鳝体表光滑、无鳞片，养殖过程中应尽量避免黄鳝皮肤受到伤害。皮肤是黄鳝的第一道疾病免疫系统，如果皮肤被刮伤、划破，容易引发水霉病等真菌性疾病和腐皮病等细菌性疾病。如果是用方方正正的水泥池养殖黄鳝，水泥池的四个角最好设计成弧形，水泥池在建设时，池表面要用水泥抹光滑。养殖黄鳝的底泥中也要求没有尖锐的玻璃或是其他容易刮伤黄鳝皮肤的固体废物。如果是用网箱养殖，网箱宜根据黄鳝规格采用10～30目的无结聚乙烯网箱。在放苗前10～15天将水草放于箱中，以使网衣上长有一层光滑的藻类，以免黄鳝入箱后因摩擦而使皮肤受伤而出现炎症，导致流行病发生。

黄鳝吃食量大，排泄多，水质容易恶化，需要经常换水。在修建鳝池时，规划好水源、进水处理池、进排水通道和废水处理池是十分重要的。水源要充足，进水处理池最好建两个，保证养殖池每2～3天能整体换一次水。进排水管道要严格分开，建好废水处理池，避免养殖废水污染好水、新水。

在长期的进化过程中，黄鳝已经不能适应强烈光照的环境。养殖黄鳝时，若不采取遮蔽光照的措施，黄鳝的体表屏障功能和免疫力会下降，发病率会上升。模仿黄鳝的生态环境，可栽培占池面80%的水花生（俗称革命草）、水葫芦和水蕹菜（俗称空心菜）等水生植物，不仅可以起到遮阴降温的作用，还能吸收有毒有害物质、净化水环境。夏天日光强烈，还可在池边搭建瓜棚，种植藤蔓类蔬菜如丝瓜、扁豆等遮光降温。在底泥中放置一些砖瓦，也可作为黄鳝的遮阴场所。水草之间、砖瓦之下，都是非常适宜黄鳝栖息的场所。

由于黄鳝的呼吸功能、身体结构与温度要求，黄鳝自然栖息层的水深一般在15～30厘米。一旦水位过深，黄鳝需要游到池面呼吸空气，将耗费大量体力，引起疲劳和抵抗力降低；水位过浅，不利于水温控制，尤其是夏天，水温往往过高，黄鳝容易中暑。

（二）清淤消毒，消灭病原体

鱼种放养前半个月，彻底清塘，使淤泥深度在10～20厘米。如果淤泥过深而受条件限制无法清除，可以施入生石灰100千克/亩，再用旋耕机将生石灰旋入淤泥中，以彻底消灭土壤中的病原体。

鳝种放养前，用1%～3%食盐水浸浴鱼体5～10分钟，以杀灭鱼体体表的寄生虫和病原体。

（三）放养密度应适宜，放养规格需一致，定期过筛分池

黄鳝的种内竞争很激烈，常有以强欺弱、以大欺小的现象。在

食物缺乏的条件下，黄鳝甚至会相互撕咬残食。为了避免黄鳝以大欺小、相互撕咬等现象，放养密度应适宜，放养规格需一致。放养量一般每平方米为2～3千克，也有放5～6千克/平方米的，过密容易引起水质恶化、发生病害。鳝种放养密度也可视规格大小而定，鳝鱼苗种可以稀些，而待销售的可以适当密些。同一规格的鳝鱼下池饲养一段时间后，鳝鱼的大小也会参差不齐。在鳝鱼生长中期，按大小规格将黄鳝进行一次分池，避免弱势个体因抢不到食物而体质变弱、发生病害。

(四) 适当套养泥鳅等鱼类

在养鳝过程中，可以巧妙地利用各种鱼类的生活习性之间的互补性，适当套养一部分鱼类，达到调节水质、防治病害的目的。在黄鳝养殖池里套养泥鳅，可减少黄鳝疾病。因为泥鳅在养殖池里，以黄鳝排出的粪便和黄鳝吃剩的饲料为食，并喜欢上下窜动，能起到净化水质和增氧的作用。

(五) 防止老鼠、蛇、猫等生物的入侵

老鼠、蛇等生物潜入养殖场地，咬伤、咬食鳝鱼，尤其是老鼠往往携带致病菌，更易引发病害。在养殖场及周围，可建立护栏、围墙等，阻拦外界生物进入。定期进行巡视，如发现洞缝、网箱破洞等老鼠活动痕迹，应立即安装老鼠夹，在安全位置投放鼠药，及时修补网箱。

二、精心投喂高品质饲料

鱼类营养状况，不仅关系到鱼类生长快慢和发育是否正常，还关系到鱼类的体质、抗病能力和患病情况。鱼类营养不良，不仅指各种营养成分的缺乏、不足或过多，还包括各种成分之间的比例不

能符合养殖鱼类的需要。在高密度养鳝的池塘中，天然饵料远远不能满足鳝鱼生长需要，鳝鱼主要依靠人工投饵获得营养，网箱养鳝、流水养鳝则几乎完全依靠人工投饵。在这些养殖方式中，营养不良往往是发生鱼病主要的和根本的原因。鱼类营养不良，生理代谢失衡，会发生很多疾病，还由于抵抗力下降，容易感染病原体而得病。在这种情况下，如果只着眼于消灭、抑制病原体，而忽视营养状况的改善，就不能从根本上防治鱼病。在黄鳝养殖过程中，保证黄鳝摄取高品质的饲料，能提高其免疫力，降低其患病率。

（一）投其所好，保证营养均衡全面

摄食过程中，黄鳝利用微弱的视觉进行大致定位，主要依赖其灵敏的嗅觉和触觉，并用发达的味觉决定是否吞咽。黄鳝是以动物性饲料为主的杂食性鱼类，并且要求饲料鲜活，不食腐烂的动物性饲料。黄鳝最喜欢吃的食物顺序依次是：蚯蚓、河蚌肉、螺肉、蝇蛆、鲜鱼肉等。在不同的生长时期，黄鳝的食物组成有些不同：刚孵化的稚鳝靠其卵黄囊提供营养；幼鳝吃食丝蚯蚓、蚯蚓、轮虫、枝角类、孑孓；体长10厘米以上的幼鳝和成鳝主要摄食蚯蚓、小杂鱼、螺肉、蚌肉、小虾、蝌蚪、小蛙和昆虫等。黄鳝无论稚鳝期，还是幼鳝期、成鳝期，其肠内均有一定比例的浮游植物和腐屑，说明黄鳝除摄取动物性饵料外，还摄取植物性饵料。在人工饲养黄鳝时，饲料以动物性饲料为主，还应搭配富含纤维素的植物饲料，增进黄鳝的肠道蠕动，增加摄食强度，配合饲料中还可添加多种维生素，保证营养均衡全面。黄鳝是以摄食动物饲料为主的杂食性鱼类，其饲料来源广泛，也比较容易获得，黄鳝养殖者可利用现有资源收集和培养活饵料。根据黄鳝的习性，动物下脚料可以作为人工养鳝的补充饲料，如猪肺、牛肺等内脏，但要求鲜度较好，不能是腐烂变质的内脏。昆虫类也是黄鳝喜爱的食物，有人在网箱上方采用黑光灯等引诱昆虫以喂养黄鳝也取得了较好效果。在网箱中投喂一定量的泥鳅、田螺等，用一定的技术让它们在网箱里繁殖，小鳅、小螺成为鳝的活饵料，也不失为开辟饲料来源的好举措。

（二）优化饲料加工，保障食品安全

黄鳝的摄食方式为噬食，食物不经咀嚼就咽下，对小型食物张口啜吸吞入，遇大型动物时先咬住，并以旋转身体的办法，将食物——咬断，然后吞食。为减轻黄鳝的消化负担，增强摄食效率，对较大的野杂鱼、螺蚌和动物内脏，投喂前需要切碎。投喂配合饲料，需将配合饲料粉碎，与切碎的鲜活饲料充分拌匀，掺入 $5\%\sim10\%$ 的面粉作黏合剂，制成条状或颗粒状，稍微晾干，以放入水中 2 小时不散开为宜。为保持食物新鲜不变质，建议现做现用。鲜活饲料如螺蚌、鱼虾和动物下脚料中，都或多或少存在致病微生物。为了减少病原对黄鳝的攻击，可将鲜活饲料煮熟或冰冻，杀死大部分寄生虫和致病微生物。

在黄鳝养殖过程中，不仅要提供安全、优质的饲料，还需注重投喂效率，坚持"四定""四看"原则，才能保证黄鳝获取足够的营养，增强黄鳝的体质和抗病能力。

三、加强水质管理

良好的水质是黄鳝在水中健康生长的必要条件，水质不佳是其发病的重要原因之一。黄鳝体表无鳞片，用口腔黏膜和皮肤分布的毛细血管网呼吸，因此黄鳝对水中的化学物质，如亚硝酸盐、氨氮和硫化氢等，以及水的温度、pH 值和溶解氧都很敏感，对水质要求也很高。

　　水体有毒氨不超过 0.02 毫克/升，硫化氢不超过 0.1 毫克/升，亚硝酸盐不超过 0.05 毫克/升。一旦不能达到这些指标，黄鳝将出现呼吸困难，窜游不安，引起浮头，严重时还会造成死亡。

　　24 ℃～28 ℃的池水温度最适黄鳝生长，低于 10 ℃进入冬眠，但在夏季，水温超过 32 ℃，黄鳝容易出现昏迷。在换水、注水时，温差不要超过 3 ℃～4 ℃，否则黄鳝就极可能感冒。水体的酸碱度即 pH 值应保持在 6.5～8.5，pH 值过高即水体偏碱性或过低即水体偏酸性都会引起黄鳝减少摄饵量，易发生疾病。pH 值低于 5 或高于 9.5 时甚至会引起黄鳝死亡。水体溶氧为 3～6 毫克/升，适宜黄鳝生活。当水体中溶氧量每升低于 2 毫克时，会引起缺氧浮头，如果救治不及时，易造成成批死亡。

　　黄鳝对水质的要求为"肥、活、嫩、爽"。在水质的日常管理中，不仅需要养鳝者凭水体透明度、水色和经验判断水质，还需用物理和化学的方法准确测量水温、溶解氧、pH 值、氨氮含量、亚硝酸盐含量和硫化氢含量等指标。市场上的水博士、水质测定盒都可以用来测定水质。养殖户可根据水色和测量结果，采取相应措施，进行水质调节，具体参见本书第七章第三节。

第二节　药物防治的基本原则

　　在黄鳝养殖过程中，养殖户可通过生态预防，尽量减少病害的发生。但由于养殖环节较多、养殖周期较长，发生病害的可能性也较大。一旦发生病害，也需保持冷静，只有正确诊断鳝病，对症下药、科学给药才能提高渔药的效用。在渔药使用过程中，一定要按国家的相关标准、法规执行，否则难以通过渔政和质检部门的检测，难以赢得消费者的喜爱。

一、高效低毒，规范用药

随着人们对食品安全及环境保护意识的日益增强，我国与国际市场的联系日益紧密，渔药的使用也是越来越规范，要求也越来越严格。规范使用渔药不仅是人类健康的需要，也是水产业可持续发展的必经之路。水产动物产品中药物残留主要是由于违规使用禁药、长期在饲料中添加抗菌药物和不科学地使用药物引起的。由于药物的超剂量、长时间使用或使用禁用药导致药物在水产动物中残留量超标，导致我国水产品总体在国内和国际市场竞争力不强。在黄鳝生产的各过程中，渔药使用必须遵照以下国家规定，才能通过水产品质量安全监管部门的检查，才能最终创造效益。国家制定的渔药使用规范如下：

1. 药物使用应严格遵照国务院、农业部有关规定，严禁使用未取得生产许可证、批准文号、生产执行标准的渔药。应使用通过国家 GMP 认证的，有生产批号的正规渔药。

2. 在水产动物病害防治中，使用高效、低毒、低残留渔药，尽量使用生物源渔药、渔用生物制品。严禁使用 NY 5071—2002（附录）中已明令禁止的渔用药物。

3. 饲料中药物的添加应符合规定，不得选用国家规定禁止使用的药物或添加剂，也不得在饲料中长期添加抗菌药物。（附录）

4. 黄鳝上市前，应有休药期。休药期的长短根据使用药品的种类和剂量，确保上市产品的药物残留量符合国家标准。（附录）

在选购渔药时，尽量选择高效低毒的生物源渔药，而禁用渔药，如五氯酚钠、孔雀石绿、杀虫脒、双甲脒、林丹、毒杀芬、甲基睾丸酮、己烯雌酚、酒石酸锑钾、喹乙醇和六六六等，是坚决不能用的。注意查看批准文号、生产批号、有效期、停药期、储藏方法、包装数量等，尤其不要因名字杂多，买错渔药。

二、正确诊断，对症下药

在遵照国家规定防治鳝病的基础上，黄鳝养殖户还需要正确诊断鳝病，对症下药，保证渔药的高效使用，确保渔药的低残留。正确诊断鳝病是有效防病治病的关键技术，因此为了有效治疗鳝病，必须首先对鳝病进行正确的检查和诊断，才能对症下药，取得应有的治疗效果。鳝病的诊断可从以下两个方面进行：

（一）现场调查

从黄鳝养殖群体生长活动情况及其生长环境，全面调查发病原因，为及时发现和正确诊断鳝病提供依据。黄鳝患病后，不仅在鳝体上表现出症状，而且在鳝池中也有各种不正常的现象。如有的病鳝身体消瘦、食欲减退、体色发黑、离群独游、行动迟缓，手抓即着，身体呈卷龙状；有的病鳝在池中表现出不安状态，上下窜跃、翻滚，在洞穴内外钻进钻出，游态飞速；有的病鳝体表黏液脱落、离穴、神经质、窜游并且相互缠绕翻滚。这些可能是细菌或寄生虫的侵袭或水中含有有毒物质或水温过高而引起的。诊断时应细心观察，一般由中毒引起的，基本上所有黄鳝都会倾巢而出；而由细菌或寄生虫引起的只是部分病鳝离穴。同时，注意观察是否有有毒废水流入鳝池，投饵、施肥是否过多而引起水质恶化，并对水温、水质、pH 值、溶氧等情况做详细调查。总之，现场调查是诊断鳝病的一个重要内容，不可忽视。

（二）鱼体检查

一般取有明显病态或快死的病鳝进行检测，按照先体表后体内、先目检后镜检的顺序进行。

1. 体表检查

取出病鳝，按顺序从头部、嘴、眼睛、体表、肛门、鳝尾等处细致观察。大型的病原体通常很易见到，如水蛭、水霉等。小型的病原体，虽然肉眼看不见，但可根据所表现的症状来辨别，具体详见第九章第三节。

2. 体内检查

体内检查以检查肠道为主。解剖鳝体，取出肠道。从前肠剪至后肠，首先观察肠及粪便中有否寄生虫（棘头虫、毛细线虫等），然后看肠道是全部充血还是部分充血，若呈紫红色，有时肛门都能见到充血，则可能为肠炎病；若有虫为寄生虫伴发肠炎。

以上检查，一般以目检（即肉眼检查）为主，镜检常用于细菌性疾病、原生动物等疾病的确诊和其他疾病的辅助诊断。方法是取少量病变组织或黏液、血液等，以生理盐水稀释后在显微镜、解剖镜或高倍放大镜下检查。在诊断过程中，应以现场调查结果和鳝体检查的情况综合分析，找出病因作出正确的诊断，制定出合理、切实可行的防治措施。

三、掌握方法，高效给药

渔药是在水环境中使用的，制约因素很多，即使有了高效渔药，如果用药方法不当，仍然得不到满意的效果，有时还会耽误治疗时间，造成损失。为了使渔药在水中保持最佳疗效，应有针对性地采用有效方法给药。渔药的使用方法有全池泼洒、浸浴、拌饵、注射、挂袋等。根据不同的药物，采用相应的使用方法，确保高效用药。渔药都有一定的毒性，在使用时要注意安全，使用后，要有足够长的休药期方可上市，确保安全用药。

（一）使用适宜的方法

渔药的使用主要采取泼洒法、浸浴法和拌饵法。

1. 泼洒法　泼洒类药物使用前，一般不投喂饲料，最好先喂饲料后泼药。对不易溶解的药物应充分溶解后，均匀地全池泼洒，室外泼洒药物一般在晴天上午进行，因为用药后便于观察，光敏感药物则在傍晚进行。泼药应从上风处逐向下风处泼，以保障操作人员安全。鱼塘泼药后一般不应再人为干扰，如拉网操作、增放苗等，宜待病情好转并稳定后进行。池塘缺氧，鳝鱼浮头时不应泼药，因为容易引起死鳝事故；如鱼池设有增氧机，泼药后最好适时开动增氧机。

2. 浸浴法　把配制好的渔药放入适当容器中，再把病鳝放入药液中，达到药效后放出。浸浴法用药对水的污染小、效果好、用药少。捕捞病鳝时应谨慎操作，尽可能避免病鳝受伤，对浸浴时间应视病情的轻重、水温、病鱼忍受度等灵活掌握。

3. 拌饵法　估算饲料投喂量和用药量，充分混匀制成药饵，晾干后投喂。投喂药饵前应停食1～2天，使黄鳝处于饥饿状态下，急于摄食药饵。适用于细菌、寄生虫、营养失衡等疾病的早期治疗，尤其是驱杀肠道内寄生虫作用明显。使用拌饵法给药，依赖黄鳝主动取食，对病情严重、停止摄食的病鳝效果不佳。

在使用毒性较大的药物时，要注意安全，避免人、畜、鳝鱼中毒。使用药物后，在养殖动物上市前，注意要有适当的休药期，休药期长短可参考 NY 5071—2002《无公害食品　渔用药物使用准则》，确保上市水产品的药物残留量符合NY 5070 的《无公害食品　水产品中渔药残留限量》要求。

（二）渔药配伍禁忌

在水产养殖过程中，注意渔药在使用过程中的配伍禁忌，对于正确用药、减少毒副作用、降低用药成本等十分重要。

1. 生石灰：生石灰现配现用，晴天用药效果更佳。不能与漂白粉、重金属盐类、有机络合物等混用。

2. 漂白粉：不能与酸类、福尔马林、生石灰等混用。

3. 二氯异氰尿酸钠、三氯异氰尿酸：现用现配，宜在晴天傍晚施药，避免使用金属容器。保存于干燥通风处。不与酸、铵盐、硫黄、生石灰等配伍混用。

4. 二氧化氯：现用现配，药效受风、光照等影响。不得用金属容器盛装，不宜与其他消毒剂混用。

5. 碘制剂：密闭避光保存于阴凉干燥处，杀菌效果受水体有机物含量的影响。不宜与碱类、重金属盐类、硫代硫酸钠、季铵盐等混用。使用后注意增氧。

6. 土霉素：勿与铝离子、镁离子及卤素、碳酸氢钠合用。

7. 硫酸铜：杀虫效果与温度成正比；与有机物含量、溶氧、盐度、pH成反比；常与硫酸亚铁合用；使用后注意增氧；不宜经常使用，与氨、碱性溶液生成沉淀。

第三节　常见鳝病及防治措施

一、细菌性疾病及防治

（一）出血病

病原和病因：黄鳝细菌性出血病是由嗜水气单胞菌引起的。春末夏初，此病发生概率较高。当水质恶化、气温突变，水体中氨氮、亚硝酸盐、硫化氢含量增高时，就会刺激病菌迅速增殖，感染能力增强。若此时黄鳝体质虚弱，体内菌群失调，则很容易感染此病。

症状：黄鳝患此病后不再潜伏于洞穴中，而是在水中上下窜动或不停地按同一方向绕圈翻动，有时背下腹上，久之则无力游动，横卧于水面之上呈假死状态。捕捞将死或者刚死的病鳝观察，发现其体表有大小形状不一的血斑，呈弥漫性出血，整个体表以腹部出血最为严重，两侧次之，背部较轻，肛门红肿。将病鳝解剖观察，口腔内有血样黏液，其腹腔内充满紫红色甚至紫黑色血液和黏液，肝脏肿大有血斑，颜色变淡，脾脏出血，肠黏膜点状出血，肾肿胀出血，肠道内无食物，有黄色黏液，肛门红肿出血外翻。

防治方法：

（1）用生石灰彻底清塘，定期更换池水，加强水质的日常管理。

（2）鳝苗放养前用浓度为 1‰～3‰食盐水浸浴 5～10 分钟，投放无损伤、体质健壮的鳝种。

（3）发生病害时，要及时将病鳝、死鳝捞出，隔离病原体；用 10 毫克/升的二氧化氯浸浴病鳝 5～10 分钟；禁食两天后，将氟哌酸拌在蚯蚓、河蚌肉等黄鳝喜食的饵料中，引诱黄鳝服用，每 100 千克黄鳝用 2.5 克氟哌酸，连续使用 5 天，第一天药量加倍。

（二）肠炎病

病原和病因：由一种产气单胞菌引起。此病一般发生在 4～6 月和 9～10 月。此病主要是黄鳝吃多了腐败变质的饵料或者过度饥饿引起的。如果给黄鳝吃得多了，它的排泄物也比较多，这个时候比较容易污染水质，也容易引发肠炎病。

症状：病鳝行动迟缓，拒绝摄食，严重时腹部朝上。肠炎病有较强的传染性，并且发病快，病程短，死亡率相当高。捕捞有明显病态的病鳝观察，体色发黑尤以头部最明显，因此肠炎病又叫乌头瘟，腹部出现红斑。发病黄鳝肛门的颜色从初期的淡红色发展到紫红色，肛门外翻，当肛门紫红和外翻时病情已相当严重，很快会死亡。将病鳝解剖观察，发现口内有血水，剖开肠管可见肠管局部充血发炎，肠内没有食物且黏液较多，肛门前2～5厘米长的腹腔内有较多的淤血。

防治方法：

（1）投喂适量的新鲜饵料，及时清除残饵，加强饲养管理，保持水质清新。

（2）肠炎病流行季节，每半个月用漂白粉或生石灰溶液消毒1次。发生病害时，要及时将病鳝、死鳝捞出并隔离以防止疫情扩散。

（3）治疗方案如下：大蒜头破碎后拌入饲料投喂，每100千克黄鳝用30克大蒜头，连喂3～5天有效；或每100千克黄鳝用鲜草3千克或穿心莲干品1千克，粉碎煎煮，用蚕蛹、干蛆或蚯蚓浸药汁，晾干后投喂，每天1次，连续使用5～7天；或每100千克黄鳝用5克土霉素拌入饲料投喂，连喂5～7天；或每100千克黄鳝用5克磺胺甲基异噁唑拌入饲料投喂，连喂5～7天。

（三）打印病

病原和病因：由点状产气单胞菌点状亚种引起。此病又叫梅花斑病、腐皮病，流行于长江流域一带，常年发生，多发生在5～9月。黄鳝受到机械性损伤或者因蚂蟥吸附受伤后，受伤部位的继发性感染，易发生打印病。

症状：黄鳝刚患此病时与正常鳝并无明显差异，仍旧体力充沛，但随着病情加重，其食量逐渐减少，行动趋于迟缓无力，常将头部伸出水面，久不入穴。打印病一般不会引起鳝鱼急性死亡，但有伤残的、体弱的鳝鱼发病率高，发病后传染性大且难以自然愈合。黄鳝患此病之初，仅在近肛门以及侧线孔等部位出现细小的红斑，随着病情的发展小红斑直径逐渐扩大，形成大小形状如黄豆形、圆形或椭圆形的红斑。表皮腐烂形成圆形、椭圆形、漏斗状的溃疡，溃疡边缘充血发红形成鲜明的轮廓，好似在鱼体上加盖了红色印章。随着病情的加重，溃疡逐渐加深甚至会露出骨骼和内脏，尾部经常腐烂。患此病的黄鳝的肠道、肛门也有充血发炎的症状。

防治方法：引发该病的病原菌是条件致病菌，潜伏期较长，而只有当鱼体受外伤或因患其他疾病而体弱时才会发生，因而对付该病应以预防为主。保护鱼体免受伤害，保持良好水质，保证环境卫生等可以有效预防此病。发生病害时，必须及时清除死鳝，隔离病鳝，以防止传染；每立方米水体用 1 克强氯精或漂白粉全池泼洒，连续泼洒三次；将活蟾蜍剖腹或在药店买带皮的干蟾蜍，用绳子系着蟾蜍的腿，反复在池中拖拉，蟾蜍的分泌物能有效防治此病。该病原体除在皮肤、肌肉引起病变外，还侵入血液，在治疗时除了外用药，还需结合内服药治疗。禁食两天后，将磺胺间甲氧嘧啶拌在蚯蚓、河蚌肉等黄鳝喜食的饵料中，引诱黄鳝服用，每 100 千克黄鳝用 2 克磺胺间甲氧嘧啶，连续使用 5～7 天。

（四）赤皮病

病原和病因：由假单胞菌引起的疾病。该病菌是条件致病菌，在黄鳝完整无损时，病菌不能侵入鳝体，而只有当黄鳝受到机械性损伤、冻伤或者被寄生虫伤害后，才会引发疾病。黄鳝患赤皮病的高峰期为春末夏初，且常年发生，应注意预防。

症状：病鳝身体瘦弱，食欲下降，活动明显减少，常将头伸出水面。病鳝体表局部出血、发炎，皮肤脱落，以腹部和两侧最为严重，呈块状。有时黄鳝的上下颌及鳃盖也充血发炎。患病严重的黄鳝会出现全身发红，黏液脱落，肛门红肿逐渐发紫。在病灶处常继发水霉菌感染。

防治方法：用生石灰彻底清塘，定期更换池水，加强水质的日常管理；鳝苗捕捞、运输过程中，防止鳝体受伤；放养前用浓度为1‰~3‰食盐水浸浴5~10分钟，投放无损伤、体质健壮的鳝种。发生病害后，外用药可采取0.1~1.2毫克/升漂白粉全池泼洒，用0.05克/平方米明矾兑水泼洒；或者用2~4毫克/升五倍子全池遍洒。还需配合使用内服药，每100千克黄鳝用5克磺胺嘧啶拌饲投饵，连续使用4~6天。

（五）烂尾病

病原和病因：病原为产气单胞菌中的一个种类。该病菌是条件致病菌，只有当黄鳝尾部受到机械性损伤后，才会引发疾病。主要在投种后15天内发生，死亡率高。

症状：病鳝头部常常伸出水面，活动能力较弱。病鳝尾部充血发炎，颜色发白，继而尾部肌肉坏死溃烂，严重时尾部脊椎骨明显外露。

防治方法：运输过程中，防止机械性损伤；剔除病伤黄鳝再放养；放养前进行消毒。用漂白粉1克/米³水面全池泼洒，有一定效果。

（六）白头病

病原和病因：此病与烂尾病一样，病原为产气单胞菌中的一个种类。该病菌是条件致病菌，只有当黄鳝身体受到机械性损伤后，才会引发疾病。主要在投种后15天内发生，死亡率高。

症状：病鳝头部常常伸出水面，活动能力较弱。病鳝吻部前端充血发炎，颜色发白。

防治方法：同"烂尾病"。

（七）白皮病

病原和病因：病原为白皮极毛杆菌。在5～8月流行此病，多发生于幼鳝期间，白皮病死亡率高达60%。

症状：病鳝行动缓慢，一抓即着。表现为尾部发白，病灶处无黏液。

防治方法：禁食两天后，将土霉素拌在蚯蚓、河蚌肉等黄鳝喜食的饵料中，引诱黄鳝服用，每100千克黄鳝用5克土霉素，连续使用7天。或者用中药合剂泼洒：艾叶1000克、地虞子100克、苍术150克、并头草250克、百合50克、大黄30克，混合后以70℃温水浸泡48小时，均匀地将药水泼洒于30平方米的黄鳝池中，并注意观察，如黄鳝无排斥反应，2～3天后换水、换药，一般2次可愈，中药可反复使用2～3次。

二、寄生虫病防治

（一）毛细线虫病

病原和病因：病原为毛细线虫。每年6～9月是黄鳝毛细线虫病的流行旺季。在高密度静水养殖条件下，常由于换水不及时或不彻底消毒而感染此病，黄鳝群体感染率高。病鳝轻则消瘦滞长，重则大量死亡，从而导致养殖失败。

症状：黄鳝患病后，摄食减少或不摄食，日渐消瘦而死亡；病鳝在水中挣扎蹿跳，时常将头伸出水面，腹部向上。鳝体发黑，肛门红肿，肛门口裂明显增大。切开鳝腹，可见肠壁外观呈红色或紫红色，肠内多无食饵。肠内有乳白色的细长毛细线虫，大个体为黄色或略黑色，放大镜下可见其头部尖细，尾部钝圆，虫体体长大致为5～10毫米。毛细线虫以其头部钻入寄主肠壁黏膜层，破坏组织，引起肠壁发炎。据陈昌福报道，全长1.6～2.6厘米的鳝种，有5～

8个成虫寄生，生长即受一定影响；30～50个虫寄生时，病鳝离群分散于池边，极度消瘦，继而死亡；而全长7～10厘米的鳝种，有20～30个虫寄生时，外表无明显症状。

防治方法：曝晒池底、池壁，鳝种放养前，用生石灰彻底清塘，以杀死病原；放养前用浓度为1‰～3‰食盐水浸浴5～10分钟，对鳝种进行消毒。病鳝内脏要深埋土中，切不要乱丢，以免虫卵复苏，反复感染。每100千克黄鳝用0.2～0.3克左旋咪唑或甲苯咪唑，连喂3天；或每100千克黄鳝用10克90%晶体敌百虫混于饲料中投喂，连喂3天，黄鳝对敌百虫敏感，应注意由于用药引起的不适症状。这些药物的药性都比较强，休药期都为500度日（水温×天数），保证足够长的休药期后再上市。

（二）棘头虫病

病原和病因：是一种隐藏新棘虫在黄鳝的前段肠道中营寄生生活所引起的疾病。该病终年可发生，在5～10月，温度在30 ℃～35 ℃时，流行此病。

症状：病鳝食欲减退，身体瘦弱，分散独处，有时将头伸出水面。鳝体发黑，前肠部位膨大且凹凸不平，肛门红肿。经解剖后肉眼可见肠内有白色条状蠕虫，能收缩，体长8.4～28毫米，有的长达200毫米，吻部牢固地钻进肠黏膜内，尾部游离，主要寄生在肠道前部，吸取寄主的营养，以致引起肠道充血发炎，阻塞肠管，严重时可造成肠穿孔或肠管被堵塞。

防治方法：用生石灰彻底清塘，杀死中间寄主，加强水质的日常管理；放养前用浓度为1‰～3‰食盐水浸浴5～10分钟，对鳝种进行消毒。病鳝内脏要深埋土中，切不要乱丢。每100千克黄鳝用0.2～0.3克左旋咪唑或甲苯咪唑和2克大蒜素粉或磺胺嘧啶拌饲投喂，连喂 3 天；或每 100 千克黄鳝用 10 克 90％晶体敌百虫混于饲料中投喂，连喂 6 天。这些药物的药性都比较强，休药期都为 500 度日（水温×天数），保证足够长的休药期后再上市。

（三）水蛭病

病原和病因：病原为水蛭，俗称蚂蟥。由于水蛭寄生于黄鳝头部及体侧皮肤上，吸取血液，黄鳝表皮组织受伤，易引起水霉和细菌感染，还会带入多种寄生虫（如鳝锥体虫），导致多种疾病的发生。夏季发病，高温条件下无季节性，流行面广。

症状：水蛭在黄鳝体表爬行吮吸，黄鳝表现不安，常跳出水面。池中黄鳝被打捞起来，也可看到黄鳝表皮部分有水蛭吸附。水蛭身体前后端各有一吸盘，后吸盘约比前吸盘大一倍；在前吸盘背面有 2 对黑色眼点。患病黄鳝表皮组织受伤，后期引起细菌和其他寄生虫感染，血液和营养被水蛭吮吸，活动减弱，反应迟钝，生长缓慢，严重时引起死亡。

防治方法：以预防为主，在鳝种放养前，要用生石灰彻底清塘，对黄鳝进行消毒；加强养殖用水和饲料的日常管理，防范新水和饵料中混有水蛭进入。100 升水加 1 克硫酸铜制成硫酸铜溶液，浸浴 5～10 分钟，能使水蛭脱落死亡；100 升水加 0.5 克高锰酸钾制成溶液，浸泡病鳝 20 分钟，有较好治疗效果；用丝瓜络浸入鲜猪血，待猪血凝固后放水中诱捕水蛭，30 分钟后取出，如此反复多次。

三、真菌性疾病及防治

水霉病

病原和病因：病原为水霉菌。此病系黄鳝体表受到机械损伤、冻伤或寄生虫等伤害后，伤口被水霉菌感染所致。此病流行于春秋两季，但全年都有发生。鳝苗孵化过程中也易受水霉菌感染而使孵化不成功。

症状：初期症状不明显，几天后，霉菌孢子向外长出棉花状菌丝，在体表、卵表迅速蔓延扩展，形成肉眼可见的"白毛"，导致患处肌肉糜烂。病鳝常常食欲不振，离群独游，最终因消瘦而死亡。

防治方法：黄鳝入池前用生石灰清塘消毒，操作过程中避免碰伤以预防此病。发病期间可用 5% 的碘酒涂抹患处，也可用 1%～3% 食盐水浸浴鳝体 5 分钟。

四、非病原性病害

除病原性疾病外，黄鳝还容易患非病原性病害。在水温温差超过 2 ℃时，黄鳝的生理功能会紊乱，引起感冒。在炎热的夏天，由于没有注意防暑，水温超过 32 ℃，黄鳝会呈昏迷状态。在运输、养殖过程中，由于密度过大，黄鳝分泌的黏液在水中积累过多而发酵，瞬间温度升高，导致发生发烧病。由于放养密度过大、长期投喂不足或鳝种大小不一，黄鳝营养摄取不足，长期依靠机体储存的能量来维持生命，导致肌肉萎缩。一旦发生这些病害，轻则影响黄鳝的生长或个别死亡，重则会引起黄鳝的大量死亡。由于各种原因，池塘溶氧不足，引起缺氧症。对于非病原性疾病，很难治疗，主要以预防为主。

冬夏两季，温度偏低或过高，要注意防冻或消暑降温。冬季黄鳝进入洞穴越冬，可排出池水，保持池土湿润，并铺上一层稻草，以免池水冰冻。夏季可采取遮阳降温的措施，加注新水，喂食消暑的食物如蚌肉等。在换水、加注新水的过程中，采取部分换、少量加或者流水换水的方式，保证温差不超过 2 ℃。此外，加强水质、溶氧和饲养的日常管理，为黄鳝提供一个适宜的生长环境。

第十章 黄鳝的捕捞、运输与加工

第一节 黄鳝的捕捞

一、养殖鳝的捕捞

池养黄鳝捕捞一般在秋末冬初进行。为了提高经济效益，根据市场价格、池中密度和生产特点等因素综合考虑，只要达到上市规格，价格较好，其他时间也可上市。

(一) 网捕

人工饲养的黄鳝，成批捕捞时，最好用夏花网围捕和围网捕捞。围捕一般使用捕捞鱼种的夏花网，夏花网网眼较小，网片柔软，这样黄鳝不易受伤，捕捞效果好。其方法是：捕捞时将池中水生植物一并捕在网中，起水时，剔除水生植物，黄鳝便在网中。如需全部捕完，可先用网捕1～2次，然后将池水放干，就可全部捞完。冬季要全部捕完，首先将池水排干，放置一段时间，待泥土能挖成块时，可采用铁锹翻土取鳝，在操作过程中一定要细心，避免碰伤鳝体。用清水洗净附在鳝体上的泥沙污物，放在容器内便于运输，只要勤换水，黄鳝在几天内不会伤亡。

(二) 冲水捕捉黄鳝

因黄鳝喜在微流清水中栖息，根据这一生理特性，可采取人为控制微流清水的方法来捕鳝。此方法简单易行，首先将鳝池中的水排出 1/2，再从进水口放入微量清水，出水口继续排出与进水口相等的水量，并在进水口处（约占鳝池水面的 1/10）放入与池底大小相等的网片，网片的四周用"十"字形竹竿绳扎牢，沉入池底，每隔10 分钟，取网 1 次。采用此方法捕捞黄鳝，捕捞率可达 60% 左右。

（三）采用饵料诱捕黄鳝

黄鳝喜欢夜晚觅食，因此，用饵料诱捕黄鳝，需在夜间进行。其方法是在投饵期内，将 1～2 平方米的细网眼和网片平置于池底水中，然后，将黄鳝喜欢吃的饵料撒入网片中间，并在饵料上铺盖芦席或草包，15～20 分钟后将网片的四角同时提取出水面，掀开覆盖物后，再将活蹦乱跳的黄鳝捞起放入鳝篓中，该方法捕捞率达 60%。

若需捕捞幼鳝，可把饵料放在草包里，放在喂食的地方，幼鳝会慢慢钻入草包里，然后，把草包取出。也可每平方米水面放 3～4个已干枯的老丝瓜，15～20 分钟后，幼鳝会自行钻入丝瓜内，只要把丝瓜取出即可捕捞幼鳝。

二、野生鳝的捕捞

（一）钓捕

因黄鳝在夏季常常躲藏在洞内，头部时时伸出洞外，且其吃食是"一口吞"。根据此习性，钓捕者把装好蚯蚓的特制钓钩慢慢地伸进洞内，若洞内有黄鳝，很可能立即上钩，当它咬住钩后，钓捕者应该毫不犹豫向外拉。若钓钩伸入洞内 10～20 厘米，反复逗引，甚至用手指弹水发声诱惑都无动静，说明洞内无鳝，洞内有鳝不取食是较少见的现象。钓黄鳝的钓钩有软、硬之分。硬钩是用自行车条或废钢线磨制而成，后端加上用竹筷做的柄即可。软钩的制钩材料同硬钩，钩长 4～5 厘米，只是钩柄较长，用比较长的软线或藤条制成。

软、硬钩的优缺点在于：硬钩易探洞，但黄鳝逃脱的机会比较大，有的黄鳝在洞内咬钩后，做 360°的快速旋转，硬钩易脱钩；软钩不易探洞，但能弥补硬钩的不足。故钓鳝者常软、硬钩齐备，先以硬钩探洞，然后下软钩。

(二) 笼捕

1. 诱笼、诱筒的制作

(1) 诱笼 诱笼是用带有倒刺的竹编制成的高 30～40 厘米、直径 15 厘米左右、两端较细的竹笼，其底口封闭，上口敞开，口径以伸进手为佳，以便抓取黄鳝；在笼的下端 7～8 厘米处，编上 5～8 片薄竹片，并形成倒径的小口，直径约 5 厘米，使黄鳝能自由地从外边钻入，而不能退出笼外。

(2) 诱筒 用一节长 20～30 厘米、直径 6～8 厘米的竹筒制成，竹筒底部的节间不要打通，以免漏饵，在高 5～6 厘米处的四周，开几条 6～7 厘米的狭缝，此狭缝称为诱饵窗。

目前，捕黄鳝的笼分为以下两种。

①稻田笼子。又称为小笼子，结构分前笼身、后笼身、笼帽、倒须和笼签 5 部分，前笼身长 65 厘米、直径 7 厘米，后笼身长 8 厘米、直径 7 厘米，倒须与笼帽配套，笼签是启闭笼帽的专用竹。捕捉季节为谷雨至秋后，历时 130 天，一个劳力每天可捕 80～100 条，重 1～1.5 千克。其缺点是大、小黄鳝一同捕，50 克以下的占 70% 以上，因此此工具需要改进。

②荡田笼子。又称大笼子，结构基本上与稻田笼子相似，只是体积较大。前笼身长 80 厘米，后笼身长 100 厘米，直径 12 厘米。捕

捉季节为立夏至秋后，历时 100 天左右，一个劳力每天可捕 50～60 条，重 1.5 千克左右。此笼专捕个体较大的黄鳝，有利于资源的保护。该笼仅能在荡田中作业，水稻田中不能使用。

2. 诱饵的制备

黄鳝喜欢吃新鲜的活饵，采用笼捕时，一定要备足新鲜小鱼、小虾、活蚯蚓、猪肝或鸡肝，与草木灰拌和，取少量装入饵笼中，散发出的肉腥味由食饵窗慢慢扩散。诱饵可每天换 1 次新鲜的。

3. 放笼方法

将诱饵装入诱饵筒底部，再将其插入诱笼，并用木塞或草团塞紧笼口，在 6～10 月的傍晚，把诱笼放于稻田埂的水中，用力压泥 3～5 厘米，每平方米水面放 4～5 只笼子，1 小时后，开始取笼收鳝，然后每隔半小时收笼 1 次。此法的捕捞率为 70%～80%，黄鳝的成活率也比较高。

采取该方法捕黄鳝时，一个人可在不同的地方放上多个诱笼。

（三）竹篓诱捕

1. 诱捕器具的准备

准备一个直径 20 厘米左右的竹篓（也可用脸盆、大口坛代替），取两块纱布，在纱布中心开一直径 4 厘米的圆洞，再取一块白布做成一个直径 4 厘米、长 10 厘米的布筒，一端缝于两块纱布的圆孔处，纱布周围亦可缝合，留一边不缝，以便放诱饵。

2. 诱饵的制备

将菜子饼或菜子炒香，拌入在铁片上焙香的蚯蚓即可。

3. 操作步骤

将诱饵放入两层纱布中，蒙于竹篓口，使中心稍下垂。傍晚将竹篓放在有黄鳝的水沟、稻田、池塘中，第二天早上收回，即可得到一定数量的黄鳝。

(四) 灯光照捕

1. 渔具

灯光照捕的工具较简单，主要是鳝夹和灯光源。鳝夹可用两片长 1 米、宽 4 厘米的毛竹片做成，毛竹片内侧有缺刻，在 30 厘米处的竹片中心打一个孔，用铅丝做成活剪。灯光源一般采用 3 节电筒或风雨灯。

2. 捕捉方法

灯光捕捉是利用黄鳝晚间出来觅食的习性进行夹捕，这种捕法在长江中下游水田地区十分普遍。此法使用的最佳季节为 5～6 月，因插秧不久，视野较开阔。捕捉时，一人持照捕工具在田埂上走动，寻找出洞黄鳝，一旦发现黄鳝，用灯光照准黄鳝头，黄鳝即静卧水底，另一人用鳝夹将其夹起。

(五) 聚捕法

聚捕法就是利用药物的刺激，造成黄鳝不适应，强迫它逃窜至无毒的小范围内集中受捕的方法。

1. 药物的制备

(1) 巴豆　巴豆药性较强，每亩水田用 250 克即可。先将巴豆粉碎，调成糊状，加水 15 千克拌匀，用喷雾器喷洒较好。

(2) 茶枯　茶枯即油菜籽榨油后的枯饼，内含皂苷碱，对水生动物有破血作用，量多可致死，量少迫逃窜，其药性较巴豆弱，每亩水田用 5 千克左右。茶枯应先用急火烤热、粉碎，颗粒直径小于 1 厘米，装入桶中，用沸水 5 千克浸泡 1 小时，备用。

(3) 辣椒　将辣味很强的辣椒，用开水泡一次，过滤；再用开水泡一次，过滤；取两次滤水，用喷雾器喷洒。目前，我国最辣的是七星椒，每亩水田用 5 千克。

2. 迫聚的方法

迫聚的方法可分为以下两种。

（1）流水迫聚法　此方法用于可排灌的田间。在稻田的进水口流入田的地方，做 2 条泥埂，长 50 厘米，使其成为一条短渠，使水源必须经过短渠才能流入田中。同时，在进水口对面的田埂上开 2～3 处出水口。将药撒播或喷雾于田中，用耙（耙宽大于 1 米，耙齿用 10 厘米圆钉制成）在田里拖划一遍，迫使黄鳝出逃。如田间有农作物不能用耙的话，黄鳝相对出来的时间要长些。当观察到大部分黄鳝出逃时，即打开进水口，使水体在整个田中流动。此时，黄鳝逆水溜入短渠中受捕，个体小的留下，个体大的用清水暂养。

（2）静水迫聚法　此法适用于不宜排灌的田间。备半圆形有圆框的网或有底的浅箩筐，将田中高出水面的泥滩耙平。在田的周围，每距 10 米堆泥 1 处，并使其高于水面 5 厘米，在它上面放半圆形有框的网或有底的箩筐，在网或箩筐上面堆泥，高出水面 15 厘米即可。

将药物放入田中，药量应少于流水迫聚法。黄鳝不适即向田边游去，一旦遇上小泥堆，钻进去再也不出来，当黄鳝全部入泥后，就可提起网或筐（连同泥）到田埂上捉取。此法适宜在傍晚进行，第二天一早取鳝。

（六）干池捕捉法

每年在 11～12 月，黄鳝开始越冬穴居，这时可趁机大量捕捉黄鳝。干池捕捉鳝鱼，其方法简单易行。首先将鳝池中的水排干，放置一段时间，待泥土能挖成块时，可采用铁锹翻土取鳝。在用铁锹挖土取鳝时，一定要细心操作，千万不能损坏鳝体。对已达到上市规格的成鳝，除留少量作来年鳝种外，其余全部捕捉或暂养。较小的个体，也可继续留作来年鳝种饲养。采用这种方法，捕捉率可达85%～90%。

(七) 扎草堆捕捞法

本法是湖南省水产研究所胡连生总结和介绍的一种捕黄鳝法，简单易行，适合在湖泊、池塘、石缝、深泥等水域和沟渠使用。可把水花生、喜旱莲子草或野杂草堆成小堆，放在岸边或塘的四角，过3～4天用网片将草堆围在网内，把两端拉紧，使黄鳝逃不出去，将网中的草捞出，黄鳝便落在网中。草捞出后仍堆放成小堆，以便继续诱黄鳝进草堆，进行捕捞。这种方法在雨刚过后效果更佳，捕得的黄鳝用清水冲洗后即可贮运。

(八) 抄网捕捞法

1. 网具结构

三角形抄网由网身和网架构成，网身长2.5米，上口宽0.8米，下口宽0.3米，中央呈囊状。网身结构视捕捞对象而异，捕鳝苗、鳝种的网用11～12目的聚乙烯布制成，捕成鳝的网用底眼网片剪裁。

2. 捕捞方法

利用黄鳝喜爱在草丛中潜居的习性，用喜旱莲子草或蒿草制成草窝，置于浅水区诱鳝入窝。作业时，一人将小船划至草窝边，另一人将抄网伸入草窝下，由下而上慢慢提起，连草一起抄入网内。此法常用于河网地区捕鳝，效果较好。

第二节 运输与贮养

一、运输前的准备

首先，要准备好盛运黄鳝的器具，用来盛运的"容器"有木桶、铁桶、鱼篓、帆布桶、尼龙袋等。无论使用哪一种容器，都要事先进行仔细检查，要保证容器内壁光滑，并事先在容器里装水试验，发现漏水应及时修补。如使用尼龙袋也要逐个装水检查，发现裂缝要及时粘补好。若运输距离较远，可多带几个备用，以便在损坏时及时更换。另外，运输途中要携带简单修理工具和加水工具，以便在途中备用。运输前必须停食暂养。

二、运输方法

黄鳝的运输方法目前主要有带水运输法、干湿运输法、麻醉运输法。最常用的方法是带水运输法和干湿运输法两种。

（一）带水运输法

带水运输法就是在运输黄鳝的容器中装水运输。容器以采用水缸、木桶最为普遍。带水运输黄鳝适宜于较长时间的运输，成活率较高，一般在95%以上。其方法是先把水装入容器中浸泡1~2小时后，再将黄鳝轻轻放入，其密度为5升的容器盛2升水，放鳝2千克左右。如天气闷热时，还可适当减少运输量。同时，在容器内放几条泥鳅，因泥鳅性情活跃，在容器内不断活动，这样，既可使黄鳝适当活动，又可减少黄鳝的互相缠绕，可增加容器中水的溶氧量。在运输容器上面要加盖网片，主要是防止黄鳝跳出，还可通气。夏季运输黄鳝，为了防止水温过高，可在覆盖的网片上加放一点冰块，使溶化的冰水逐渐滴入运输水中，使水温不升高，水温控制在28 ℃～32 ℃。如在运输途中，发现黄鳝身躯竖昂，而且头部长时间浮出水面，并口吐白沫等现象，这表明容器中的水质已变坏，要立即更换新水。开始每半小时换水 1 次。换的水最好与容器中原来的水相似，尽量不用井水、泉水、污染的沟水或温差较大的水。如运输时间超过 1 天，每隔 3～4 小时需翻动黄鳝 1 次，把容器底部的黄鳝翻上来，防止其发烧、缺氧窒息。为了提高贮运中黄鳝的成活率，开始时和 24 小时以后，要各投放青霉素 1 万单位。水运可采用机帆舱装运，其运输量较大，水与黄鳝之比可为 1∶1，同样要勤换新水与勤搅动黄鳝。

（二）干湿运输法

干湿运输法不但能防止黄鳝相互挤压，便于搬运，并且体积小，占用运输容器少，成活率可达 95% 左右。黄鳝离水后，只要保持体表有一定的湿润性，就可以通过口腔进行气体交换，能维持相当长一段时间，不至于使死亡。运输时，可以采用的器具如下。

1. 木箱、木桶运输

木箱或木桶容器的底部铺垫一层较湿润的稻草或湿蒲包，以防鳝体被摩擦损伤，再将捕捉的黄鳝用清水洗净，随即把黄鳝装入容器内。一定要注意，每个包装容器所装的黄鳝数量不宜太多，以防黄鳝过多被压死、闷死。另外，在使用木箱、木桶装运黄鳝时，在四周的盖上打几个洞孔，便于通气。运输途中，每隔 3～4 小时要用清水淋 1 次，以保持鳝体皮肤具有一定的湿润性。夏季运输时还要注意降温，可直接在鳝体上洒一些凉水（井水也行）或在装鳝容器盖上放些冰块，水温控制在 28 ℃～32 ℃，切忌降温过度。

2. 尼龙袋运输

采用尼龙袋充氧运输黄鳝，灵活机动，便于堆放和管理，运输成活率高，密度大，适合各种条件下黄鳝的长途或短途运输。

尼龙袋或塑料薄膜袋的规格，一般长 70～80 厘米、宽 40 厘米，前端留有长 10 厘米、宽 15 厘米作为装水和黄鳝入袋的空隙。尼龙袋充氧运输时将黄鳝放入 0 ℃的水中，经 10 分钟左右，黄鳝处于昏迷状态，再把黄鳝放入尼龙袋中，每袋装 10～15 千克，同时装进 10 千克清水，立即充氧封口，装车，使袋中的水温保持在 10 ℃左右。经过 48 小时后，黄鳝已苏醒过来，再倒入木桶或水缸中冲水，黄鳝即可恢复正常，其成活率可达 100%。但要注意运输时间不能超过 48 小时，到达目的地后，待黄鳝苏醒后才能倒入木桶或水缸中冲水。

3. 竹篓和蛇皮袋运输

利用竹篓和蛇皮袋运输黄鳝是我国农村最常用的方法。小竹篓装有上盖，可吊在人的腰带上，小巧玲珑，有时作为晚间捕捉黄鳝的存放工具，到市场出售时，也可背着行走。小竹篓一般可存放黄鳝 2～3 千克，稍大一些的竹篓可存放 4～5 千克。运输用大竹篓又称大箩筐，存放量大，但堆积总厚度不宜超过 20～25 厘米。运输时，竹篓内要放几尾泥鳅，并放少量水草，确保鳝体湿润，以提高运输的成活率。

如采用蛇皮袋运输黄鳝，最好不用人挑、抬或自行车两侧担运。应平放在三轮车、汽车或轮船上运输，每袋装量相当袋容量的 1/3 左右，并用细绳把袋头扎紧，以防黄鳝逃跑。同时，在鳝袋下水面放上 2～3 厘米厚的水草，途中经常用清水洒袋，保持一定的湿度。

4. 铁皮箱和木盆运输

铁皮箱一般是用白铁皮加工而成的容器。这种容器便于重叠堆放，较适宜长途运输。铁皮箱的大小一般为长 80 厘米、宽 40 厘米、高 20 厘米。上口的周沿装有网罩，网罩宽 10～15 厘米，网目小于 5 毫米，每箱可装 20～30 千克黄鳝。

木盆一般便于在市场上销售时存放黄鳝，也就是利用其他容器把黄鳝运到市场后，倒入大木盆出售。木盆多数是圆形的，直径在 60～80 厘米，盆的上口四周加一个网罩，网罩宽 10～15 厘米，网目小于 5 毫米，每盆可存放黄鳝 15～20 千克，最好常换池塘的自然清水。

三、贮养（囤养）

贮养黄鳝主要是调节黄鳝的淡旺季节，这样，既保证了市场供应，又提高了生产者的经济效益。在黄鳝上市的旺季，价格较低，可以从市场上选购一批体质健壮、无伤、规格整齐的成鳝或半成鳝，用药物消毒后，贮养起来，待淡季（春季前后）市场缺鳝时上市，价格较高。贮养黄鳝有水缸贮养法、水泥池贮养法和土池贮养法三种。

（一）水缸贮养法

先将水缸洗净，注入清洁水，然后把捕捞或收购的黄鳝立即进行处理，清除混入的泥沙和污物，剔除残伤体弱的黄鳝，再把体质健壮的黄鳝放入水缸中。在开始的 1～2 天内要勤换新水，因为捕捉的黄鳝体表和口腔都附有较多的泥沙和污物，尤其是在生长季节捕捞起来的黄鳝，消化道内的排泄物较多，容易污染水质。因此，必须进行多次换水，将其漂洗干净。以后每天或隔一天换新水 1 次，以调节水温，使黄鳝慢慢地适应环境，防止黏液大量分泌导致水体发黏。为防止黄鳝分泌过多的黏液被水中的微生物分解，产生热量，使水温显著升高，致使底层黄鳝闷热、缺氧，可用手翻动 3～4 次，还可在每口缸中加5～10尾泥鳅，以减少黄鳝互相缠绕，增加黄鳝活动能力，以提高贮养成活率。这种方法贮养，每立方米水体放黄鳝10～12千克。为了防止黄鳝外逃，应在黄鳝的贮养水缸口上加盖较密眼的铁丝网罩。

（二）水泥池贮养法

利用水泥池贮养黄鳝，容量大，存期长，易管理，易捕捞，有利于边存边养。水泥池贮养黄鳝的建池和一般饲养池相同。在贮养过程中，一定要注意经常换新水，注意消毒防病，每天要定时定量投喂一些活体动物和新鲜饲料。

（三）土池贮养法

此法简单易行、经济合算，不受条件限制，各地都可采用。先挖土池0.6～1米深，在池的外围砌砖约0.4米高，池中栽茭白等水生植物，池水灌0.3～0.4米深，每平方米可放黄鳝8～10千克。常换新水，及时投喂饲料，做好鳝病的防治工作。

第三节　黄鳝的加工与产品开发技术

随着社会的发展，人们的生活节奏日益加快，一些速食快餐产品越来越受到关注，从这个角度看，研究开发黄鳝加工产品是适应社会发展的需要。与此同时，从养殖发展分析，我国黄鳝养殖产量快速增加，因此，客观上也要求进行加工产品的研究开发。近几年，各地在黄鳝加工产品方面做了一些有益的探索，一是半成品的加工，如将生的鳝片、鳝丝、鳝筒等加工成速冻产品供应市场；二是速食产品的加工，如黄鳝罐头和软罐头等产品。

一、速食黄鳝产品的加工

(一) 红烧黄鳝软罐头

1. 工艺流程

挑选黄鳝→宰杀剔骨→清洗→切条→油炸→配制调味液→浸料→装袋→真空密封→杀菌→冷却→检验出厂。

2. 操作技术

(1) 挑选黄鳝：挑选黄鳝是保证加工产品质量的重要方面，一是挑选鲜活黄鳝，严格剔除死鳝；二是挑选个体规格一般要求每尾鳝的重量保证在 100 克以上；三是剔除有病黄鳝，主要指体表有溃疡、真菌、创口等伤病的黄鳝。

(2) 宰杀剔骨：在宰杀板上，将黄鳝头部放在宰鳝人的左手方向，尾部朝右方，腹部向外，背部向里。用左手大拇指、食指和中指掐住鳝的头部与躯干交界处，同时在此处剖开一个可见鳝脊骨的缺口，右手将刀竖直，从缺口处插入脊骨中，刀尖不穿透腹部鱼肉，从头部划向尾部，然后翻转鳝身，用同样的方法，对另一面身体从头到尾划下整个脊骨。用水清洗鳝肉。

(3) 切条油炸：将洗净的鳝肉切成约 15 厘米长的扁条，放植物油于锅内，待油沸腾后放入鳝条，炸至琥珀色时捞出，然后沥油待用。

(4) 调味浸料：将桂皮、八角茴、姜、葱加水熬煮 1～2 小时，再加适量白砂糖、料酒、味精、花椒粉等煮 10 分钟，过滤后即为调味液。浸料是使炸后的鳝肉里渗入上述调味液，方法是将油炸后的鳝条趁热倒入调味液中浸泡 3～5 分钟。

(5) 装袋密封：将浸入调味液后的油炸鳝条称重 100 克，装入复合袋。然后抽真空密封，真空密度为 600 厘米汞柱，封口要求平整。

（6）杀菌冷却：杀菌公式为 $(15'—40'—15')/118\ ℃$，即用 15 分钟时间使杀菌锅温度升到 118 ℃，此温度下杀菌 40 分钟，再用 15 分钟缓解排气降温。杀菌完毕后，用冷水迅速冷却后取出。

（7）检验出厂：将杀菌、冷却后的软罐头装箱，保温 5～7 天，检验合格后方可出厂。

（二）黄鳝滋补罐头

简称黄鳝汤罐头，它具有营养丰富，原汁原味，风味独特，耐贮藏等特点，对人有滋阴补阳、补血益精的功效。

1. 工艺流程

挑选黄鳝→宰杀剔骨→加工制作→装罐→排气与密封→杀菌与冷却→检验出厂。

2. 操作技术

（1）挑选黄鳝：宰杀剔骨与上述加工软罐头中的要求相同，故不赘述。

（2）加工制作：将洗净的鳝肉切成 15 厘米长的扁条，头、骨及细小的尾部另用。取切好的鳝肉 50 千克，猪油 1 千克，大蒜 0.6 千克，料酒 0.5 千克。先将猪油放入锅内烧热，然后放入鳝片爆炒，接着加入大蒜、料酒，鳝片炒至七八成熟时即可捞起。鳝肉炒好后需另制汤。汤的配料为：用黄鳝头、尾、脊骨熬成的原汤 50 千克，面粉 3 千克，猪油 3 千克，精盐 1.4 千克，味精 0.4 千克。先将猪油及精盐放进原汤中溶化，然后用滤布将一定浓度的面粉液体缓缓过滤到原汤中，边加边搅，搅匀后在出锅时加入味精即可。

（3）装罐：罐型采用 QB 221—1976 规定的 754 涂料罐。装罐量净重为 180 克（内有鳝肉 35 克，生姜片 1 克，枸杞 0.5 克，山药 2 克，桂圆肉 1 克，汤汁 140 克）。

（4）排气与密封：装罐后立即加盖，然后放入排气箱内加热，排气箱温度一般控制在 80 ℃左右，排气时间为 10 分钟。排气后立即用真空封罐机封罐。封口后逐罐检查，并用热水洗净。

（5）杀菌与冷却：封罐后应迅速杀菌。杀菌公式为（15′—60′—20′）/118 ℃，即用 15 分钟使杀菌锅温度上升至 118 ℃，此温度下杀菌 60 分钟，用 20 分钟时间缓解排气降温。杀菌完毕后，用冷水迅速冷却至 40 ℃以下即可取出。

（6）检验出厂：将杀菌冷却后的罐头逐个擦净堆放入库，然后保湿 5～7 天，检验合格后，即可出厂销售或储存。

（三）鳝丝软罐头

工艺流程为：贮运→宰前选择→剖杀→宰后检查→切条→油炸→配制调味液→浸料→装袋→真空密封→杀菌→冷却→检验出厂。

其加工工艺与红烧软罐头大同小异，故不重复。

（四）烤鳝串

烤鳝串产品受到日本市场的青睐，其效益较好。烤鳝串在国内有两种加工方法：一种称为珍珠烤鳝串，其生产工艺流程是：原料鳝→去头、去皮、去内脏→切串→漂洗→沥水→调味渗透→摊串→烤干→揭串→烘烤→滚压拉松→检验→称量→包装。这种产品也可加工成半成品，即不调味直接出口。另一种加工法称为五香鳝，其工艺流程是：原料鳝→盐渍→蒸煮→干燥→五香调味→烘烤→包装→成品。

二、半成品黄鳝产品的加工

近年来，市场上开始出售半成品小包装黄鳝，特别是出口黄鳝，多以小包装为主。下面介绍几种小包装的加工方法。

（一）速冻鳝片的加工

取活鳝置于筐中，用水冲洗干净。将黄鳝取出摔晕，钉在剖板上，使其背朝上呈长条状，然后用剖刀沿鳝体背部紧贴脊椎骨从头至尾剖开，再去掉脊椎骨，切去头尾，刮去内脏，切成片状，存放于干净的筐内，任其自然沥去血水。水干后按定量装入食品塑料袋内，封口后送入速冻间，在 $-20\ ℃ \sim -24\ ℃$ 的低温中保存 $10 \sim 16$ 小时。冻结后的食品袋装入纸箱，移到冷藏间内储存，等待上市。

（二）速冻鳝筒的加工

将黄鳝钉在剖板上，腹面朝上，剖腹去内脏，洗净，即成鳝筒。直接把鳝筒装入食品袋，入冷库速冻冷藏，以供出售。也可将鳝筒剁成鳝段，去头去尾，然后装入食品袋，再经速冻冷藏，随时出售，每包装 500 克或 1000 克。

（三）速冻鳝丝的加工

将鲜活鳝用刀划成丝状，然后去内脏，去头尾，洗净装入食品袋，再经速冻冷藏，以待出售。

（四）速冻剥皮鳝

其主要方法是：取鲜黄鳝，用锋利的剪刀剖开腹部，去内脏，洗干净，并手持黄鳝头，剪开鳝皮，用劲向尾部拉开皮，随即装入袋中，快速冷却，然后运送到国外销售。

三、医药产品的开发

据报道，江苏镇江生物化学制药厂于近几年开发了用黄鳝的软骨生产硫酸软骨素（CS）的工艺。硫酸软骨素对人类的听觉障碍、肝肾疾患、心血管疾病、眼病、肿瘤等具有抑制作用。其生产工艺流程为：软骨→采集及保存→前处理→泡发软骨→碱提取液→黏稠沉淀物→精制 CS→Na 湿品→脱水、干燥→成品。

第四节　黄鳝的烹调与保健菜谱

随着人们对黄鳝的营养、保健及药用价值的认识，使食用黄鳝的地域范围在国内外有了很大的发展，国内也不再限于李时珍时代的“江南粥肆（棚）”，而是与“清蒸大闸蟹”“油焖武昌鱼”等一道列入名菜进入高档次的宾馆酒楼。“红烧鳝筒”配以白色蒜头，是应时名菜，“生敲鳝背”脍炙人口，烧后装盘配上蒜泥、姜末，淋上熟油，盆里火爆吆吆，香味四溢，“松香脆鳝”松脆香酥，卤汁甜中带咸，十分可口，配上嫩黄姜丝，色泽调和，给筵席增添一道亮丽的风景线。

一、烹饪前的宰杀与除腥

（一）黄鳝的选择

对于参与烹饪的鳝，只能选择活鳝，千万不能用死鳝。黄鳝体内含有丰富的组氨酸，鳝死后组氨酸就会产生组胺。死的时间越长，体内积累的组胺越多。组胺是一种有毒物质，能引起食物中毒。中毒症状为头晕、头痛、口干、视物模糊、血压下降等。所以，不宜选死鳝作烹调材料。

（二）黄鳝的宰杀

从市场上购买的黄鳝宜先用清水暂养，以吐去污泥脏物。需要时以开水烫死，泡去白色黏液。或用棒槌对准黄鳝头部将其砸昏，然后将黄鳝头、嘴穿在木板小钉上，用划子（划黄鳝用的特制工具，即锋利的尖刀片）从颈部刺入，紧贴脊骨从颈到尾划开，轻轻拉出内脏（注意不能使肝脏附近的胆囊弄破，防止胆内苦汁流出）。剔去脊骨，洗净备用。另一种方法，从水中取出活鳝，斩去头，用刀尖（或剪刀）挑开肚皮，取出内脏，洗净。用抹布擦去黏液，肚皮朝下，背朝上，用刀或棒槌拍扁，一手抓住尾巴剔出脊骨，切去尾尖，切成片或剁成段备用。

(三) 消除黄鳝的泥腥味

　　黄鳝含有丰富的蛋白质、脂肪和维生素等营养物质，食用时，调理得当，其味道十分鲜美，是男女老幼皆喜爱的美味佳肴。如果烹调时方法不当，就会产生氨味、土腥味等异味，影响人的食欲。这种土腥味产生的原因是由于鳝鱼体内及外界细菌的作用，使组织逐渐分解，变成低级的化合物，最后产生氨、三甲胺、吲哚类等物质。人们在食用黄鳝时所闻到的异味，就是三甲胺的气味。

　　三甲胺呈碱性，易溶于乙醇（酒精）等有机溶剂，受热容易挥发。依据这一特点，在焖、炖、烧鳝时，除了加入姜、葱、花椒、茴香、酱油、白砂糖等调料外，还要适当放入一点白醋和黄酒。这样做不仅可以消除黄鳝肉的泥腥味，而且还能增加黄鳝的鲜味。其原理是：鳝肉中的三甲胺等物质溶解在乙醇中，随着乙醇（易挥发）的挥发，把异味带走；白醋的主要化学成分之一是醋酸，醋酸能解呈碱性的三甲胺，从而增加去异味效果。醋和酒最好在烹调前半小时加入，也可随同其他调料一起加入，再盖锅焖煮。在实际烹调时，烧、炖黄鳝的时间宜适当长一些，这样不仅可以使腥味充分挥发掉，而且调料也能渗透均匀，增强黄鳝出锅时的香味。

二、常见烹调方法

　　烹调黄鳝的重要前提是要保证其肉质鲜嫩的特点。黄鳝常见烹调方法有烧、炒、爆、蒸、炸、烩等。

1. 烧

"烧"是最基本的烹调方法，分生烧和熟烧两种，在黄鳝烹饪时一般采用生烧。熟烧是对难以烧熟的鱼类而采用的方法。生烧，就是将加工洗净的食物原料，经加工制成菜肴生坯后，用旺火热锅，经油炸、煎、煸炒后，烹酒和调味，加汤适量焖至鳝肉断生，卤汁稠浓入味时，稍加水生粉（如淀粉）勾芡（一般鱼类烹调均要勾芡），淋上熟油即可。生烧的特点是肉质细嫩、卤汁浓厚而入味。如"红烧鳝筒""红烧鳝片"等。

2. 炒

"炒"有煸炒、熟炒和滑炒之分。黄鳝等鱼类适用于熟炒和滑炒，煸炒一般用于绿叶蔬菜。滑炒是将加工上浆好的鳝片先在小型热锅中滑至断生，然后将锅内放油少许，加调味用大火急速翻炒，下水生粉勾芡，淋上熟油出锅。这种烹调方法，吃火时间短，可以保持黄鳝鲜嫩的特点。如"清炒鳝片""麻辣鳝片"等。熟炒是将已加热过的鳝丝等原料，放入烧热的锅内，加调味和少量鲜汤炒透，再下水生粉勾芡即成，如"清炒鳝糊"等菜肴就属熟炒而成。

3. 爆

即油爆，用中等油量，大火烧沸，经热油爆至断生，加调味制成卤汁，不断颠翻，使鳝紧贴卤汁而入味，脆嫩爽口，如"油爆田龙""蟠龙戏水"。田龙和蟠龙是人们对黄鳝的爱称。

4. 蒸

"蒸"是烹制各种厚味菜肴和鲜鱼菜肴常用的方法。特点是可以保持食物整齐、整只、整块的形状，保持原汁原味、鱼肉细嫩，操作简便。操作时，将加工后的一条整鳝鱼两边划斜刀口，加上辅料和调味料，放入盘中上笼大火蒸若干分钟，至鳝熟即可食用，如

"清蒸盘鳝"（亦称"清蒸蟠龙"）。

5. 炸

"炸"是大油量加热，大火速成的一种烹调方法，使食物具有香酥、脆嫩的特点。炸有清炸、软炸、酥炸、包炸、卷炸多种。在烹制黄鳝等鱼类时，一般采用清炸、软炸较多。清炸的原料一般不挂糊，有的将鱼块加工，加调味品拌渍后，即入油锅大火炸至外脆里嫩即成，如"炸鳝卷""炸鳝串"等。软炸是指食物（鱼块等）加工后经过挂糊，用六七成热的大油炸至食物外脆里嫩，如"脆炸鳝边""松香脆鳝"等。

6. 烩

"烩"是将鳝加工成丝、丁或薄片，用鲜汤和温火慢慢烩煮，使食物吸收鲜汁入味，肉质保持鲜嫩，如"黄龙羹"。黄龙也是人们对黄鳝的爱称。

7. 其他

除上述烧、炒、爆、蒸、炸、烩外，还有煎、脆溜、炖、煮等，这些内容将结合具体菜谱进行介绍。

三、各地黄鳝菜谱精选

我国地域广阔，各地烹饪黄鳝的方法不尽相同，如上海、杭州、苏州等地区常将鳝鱼加工成鳝丝，烹制成鳝糊，如"响油鳝糊""冬笋鳝糊""韭菜鳝糊"等，湖南、四川、湖北、江西等地习惯在烹鳝时加辣味，如"麻辣鳝片"等。湖北、江西等地称鳝块、鳝段为鱼乔，烹制时既不像上海地区那样在鳝糊中加点糖，也不像四川、湖南地区那样加红尖椒，而是加蒜头或青椒烹调成"青椒鱼乔""红烧鱼乔"等。现将各地黄鳝名菜制作方法介绍如下：

（一）响油鳝糊

响油鳝糊是江南水乡的传统菜肴，特点是酱红色，浓油赤酱，鳝糊鲜嫩肥香，深受水乡群众青睐。

1. 原料

鳝鱼 800 克，黄酒 15 克，酱油约 50 克，白砂糖 3 克，味精 2 克，猪油 95 克，葱花、姜末、胡椒粉、细盐各少许，水 200 克，淀粉 75 克。

2. 制法

（1）将活鳝放入锅内，盖上竹淘箩，用手压住，端上炉灶，加开水，将黄鳝烫死，揭去竹箩，加细盐，烧至黄鳝张口、蜷缩时取出，倒入桶里，加冷水至温热，用刀片将其划成鳝丝，再用清水洗净沥干，切成 4.5 厘米长的小段。

（2）炒锅烧热，用油滑锅后，放猪油（70 克），烧至油沸热时，将鳝丝放入煸炒几下，烹黄酒，加盖略焖（去腥味），加酱油、姜末、白砂糖、味精，再略烧片刻，使鳝丝入味，再加水（约 200 克），转用小火焖烧七八分钟后，再转用大火收浓卤汁，下水淀粉勾芡，翻身搅拌，加热油（10 克）炒后，翻身出锅倒入汤盆里，中间用铁勺揿一个窝，把葱花放入窝中。另取干净炒锅用大火烧热，放猪油（15 克），烧沸后浇在窝中即成。上桌时，窝中热油不断滚煎着葱花，吱吱作响，故人们称它为"响油鳝糊"，吃时撒上胡椒粉。

（二）韭芽鳝糊

韭芽鳝糊也属于江南水产的传统美食。特点：深黑中带黄色，鳝丝肉嫩，韭芽浓香。

1. 原料

鳝丝 300 克，韭芽 100 克，黄酒 15 克，酱油 60 克，白砂糖

5 克，味精 3 克，猪油 75 克，麻油 5 克，葱段 1 克，葱花 1 克，姜末 2 克，水淀粉 50 克，白汤 250 克，盐少许。

2. 制法

（1）将鳝丝用清水洗净、沥干，切成 4.5 厘米长的小段。

（2）韭芽用清水洗净、沥干，切成 4.5 厘米长的小段。

（3）炒锅烧热，用冷油滑锅后，放猪油（50 克），烧至油沸滚时下葱段、鳝丝炒透，烹黄酒，加盖略焖一下（去腥味），随即加姜末、酱油、白砂糖、味精、盐，用大火烧沸后，转用小火焖烧 4～5 分钟，放韭芽炒后略烧，即用水淀粉勾芡，淋上猪油（15 克），出锅装盘，中间用铁勺撅一个窝，窝中放葱花。另取炒锅，放猪油（10 克）、麻油（5 克），熬沸后，倒入窝中的葱花上即成。

（三）香辣鳝片

该菜是四川、湖南等食辣地区的传统菜肴。主要特点：香、脆、鲜、辣。

1. 原料

鲜鳝肉约 1000 克，油炸花生米 10 克，干辣椒节 10 克，红油、二汤、淀粉、猪油、葱段、姜丝、蒜片、料酒、酱油、精盐、白砂糖、味精、香醋、胡椒面、麻油。

2. 制法

（1）鳝鱼肉全部片成蝴蝶片。将二汤、淀粉、料酒、精盐、酱油、香醋、白砂糖、胡椒面、红油、麻油、味精调和成料汁。

（2）旺火起油锅，待油至九成热时，将鳝鱼片过油后捞起。原油锅用干辣椒爆锅起味，放入葱段、姜丝、蒜片，投入鳝鱼片，倒入料汁翻炸，撒上花生米，起锅装盘。

（四）糖醋脆鳝

此菜是长江中下游地区广为流行的菜肴。特点：色浓味美，酸甜酥脆。

1. 原料

鳝鱼肉 400 克，葱、姜、蒜、料酒、酱油、生菜油、玉米淀粉、白砂糖、米醋、精盐、麻油、味精。

2. 制法

（1）将鳝鱼肉切成大小相等的细条，用料酒、味精、精盐腌制，然后加入玉米淀粉拌匀。葱、姜、蒜切成末。

（2）旺火起油锅，油烧至七成热时，将鳝鱼条放入油中，炸成焦脆捞出。

（3）另用一锅，放置火上，加入生菜油、葱、姜、蒜末，再加水、白砂糖、米醋、酱油、味精、精盐熬汁。待汁爆起时，放入炸好的鳝鱼条，翻炒挂汁，然后淋些麻油，起锅即可。

（五）红烧鱼乔

湖北省的一些地区因"鳝"与"善"音相同而改称鱼乔，红烧鱼乔即为大众菜肴，也为上档次筵席所采用。特点：制作简单，美丽大方，鲜嫩可口。

1. 原料

鲜鳝鱼片 1000 克，葱、姜、蒜、酱油、盐、熟猪油、料酒、白砂糖、水淀粉、麻油。

2. 制法

（1）将鳝鱼切成 5 厘米长的段，葱切段，姜切片。

（2）旺火起油锅，油烧至七成热时，将鳝段放入油中炸 4 分钟左右，捞出沥油。

（3）原锅留底油，放入葱、姜、蒜爆锅，放入鳝段，加料酒、酱油、清水、白砂糖，烧开后再用小火焖 30 分钟左右，改用旺火收成浓汁，拣去葱、姜，用水淀粉勾芡，淋上麻油后出锅装盘即可。

（六）油焖鳝片

特点：色泽金红，味道鲜香，图案宛如金钱，亦称油焖金钱鳝。

1. 原料

鳝鱼肉 750 克，火腿 75 克，水发冬菇 50 克，白膘 150 克，五花猪肉 200 克，鸡蛋 1 个，食用油、高汤、料酒、蒜、湿淀粉、葱、姜、猪油、面粉、酱油、味精、精盐。

2. 制法

（1）鳝鱼沿脊部一剖两开。白膘切片。火腿切末。冬菇去蒂。五花猪肉切片。

（2）将鸡蛋磕入碗内，放面粉搅拌均匀，制成蛋糊；将鳝鱼平放在案板上，涂一层蛋糊，放上白膘片，再涂一层蛋糊，撒上火腿末，涂第三层蛋糊后卷起，用水草扎牢，抹上猪油和湿淀粉。

（3）旺火起油锅，放入食用油，油烧至七成热时，将鳝鱼放入略炸后捞出。原锅留底油，用葱、姜、蒜爆锅，投入五花肉、冬菇煸炒片刻，加料酒、高汤、猪油、味精、酱油、精盐，放入鳝鱼，大火烧开后转小火焖烂时取出，打开鱼卷改刀成金钱形，排扣在碗底周围，中间放上冬菇、五花肉、蒜头。

（4）食用时将碗中鳝鱼放入蒸锅蒸熟，扣于盘中，原汤加味精烧开，用湿淀粉勾芡，浇在鳝鱼上即可。

（七）生敲鳝背

特点：肉质鲜嫩，汁浓郁醇厚。

1. 原料

鳝鱼肉 750 克左右，水发冬菇 50 克，五花猪肉 75 克，香菜少许，冬笋少许，葱、姜、蒜、清汤、酱油、料酒、白砂糖、味精、精盐、食用油、胡椒粉。

2. 制法

（1）鳝鱼肉从里面刻上花刀，切成 5 厘米长的小段，冬笋、冬菇、五花猪肉均切成薄片。葱切段，姜、蒜切片。香菜切段。酱油、白砂糖、料酒、精盐、味精放入同一碗中，调匀成作料汁。

（2）炒锅置火上，倒入食用油，烧至八成热时，将鳝鱼段煎炸片刻，捞出沥油。原锅放底油加热，用蒜片爆锅，放入葱、姜炸一下，放入肉片煸炒，加入清汤，倒入作料汁，拣去葱、姜，烧沸后烹入冬笋、冬菇、鳝鱼段，改小火焖 10 分钟左右，用大火收浓汁。

（3）将浓汁中放入少许蒜片，撒上胡椒粉，即可出锅装盘。香菜段放在盘边即成。

(八) 鳝火烤

鳝火烤是流行于上海一带的大菜类美食。特点：紫酱色，汁浓似胶，肉质肥酥，肥而不腻，烂而不碎，异常入味。

1. 原料

活大黄鳝 400 克，猪肋条肉 100 克，葱结 1 只，姜 1 片，黄酒 15 克，酱油 45 克，白砂糖 25 克，味精 2 克，猪油 75 克，葱段少许，白汤少许，盐少许。

2. 制法

（1）将大黄鳝用剪刀剪断头部颈骨、放血，再用剪刀剪开鳝肚，放入桶里用开水（加少量食盐）泡去鳝鱼身上的黏液，用清水洗净，斩去头、尾，鳝身斩成 4.5 厘米左右长的段。猪肋条肉洗净，切成小块，放入热油锅内炒至表皮干燥泛黄、肉质收紧后，加酱油、黄酒，炒至肉上色，再加水，烧至肉熟、色红、肉酥软、浓香。鳝段放入沸水锅里焯一下，除去血污，用水洗净。

（2）炒锅烧热，用冷油滑锅后，放猪油（30克）烧热，投葱结入锅，煸出香味后，捞出不用，放姜片、白汤、鳝段、黄酒，烧滚加盖端到小火上，烧至鳝肉六成熟时，加炒肉、猪油（中途加油目的是使汤汁更黏稠）25克、酱油、白砂糖，用微火煨烧，烧到鳝段酥烂时，转用大火烧，至卤汁肥浓似胶汁，加味精和热油25克，将炒锅不断晃动，以防焦底，撒上葱段，出锅即成。

（九）紫龙脱袍

特点：白、绿、褐三色相间，肉质油滑鲜嫩，醇香微辣。

1. 原料

鳝鱼肉约1000克，水发香菇50克，玉兰片50克，青椒50克，香菜少许，鸡蛋清（1个），湿淀粉、葱、绍酒、醋、精盐、味精、胡椒粉、麻油、百合粉、熟猪油、清汤。

2. 制法

（1）鳝鱼肉切成5厘米长的细丝，鸡蛋清抽打成雪花状，放入百合粉、精盐调匀，倒入鳝鱼丝搅拌均匀。水发香菇去蒂，切成细丝。玉兰片、青椒也分别切丝。葱切成段。

（2）旺火起油锅，倒入熟猪油，烧至五成热时，放入上好浆的鳝鱼丝，划散过油，半分钟后捞出。

（3）原锅留底油，烧至八成热时，放入青椒丝、香菇丝、玉兰片、精盐煸炒，倒入鳝丝、绍酒，再烹入清汤、葱段、醋、精盐、味精，沸后用湿淀粉勾芡，出锅装盘，均匀撒上胡椒粉，淋上少许麻油，香菜切段后放于盘周围以点缀。

（十）白蒜黄鳝

此菜为传统美食，更是夏季时令佳肴，流行于江南一带。

1. 原料

加工好的黄鳝 500 克，洗净后切成 5 厘米长的段，蒜头 100 克，适量葱段、姜片，芹菜去叶洗净后切成细末，植物油、汤、绍酒、豆瓣酱、白砂糖、味精、水淀粉。

2. 制法

将炒锅置于旺火上，放油烧至七成热，放入鳝段（可加少许粗盐、花椒），煸炒至水气干时铲起。锅洗净，放油烧热，下蒜头炒一炒后捞起，下豆瓣酱炒香，掺汤，汤开后捞尽豆瓣渣，放入鳝段、大蒜、姜片，加绍酒、白砂糖，用中火烧至鱼熟、蒜软，用水淀粉收汁，加味精、葱段，和匀起锅，盛盘内，撒芹菜末。

3. 注意事项

（1）黄鳝要煸干水气。

（2）汤不宜多，收汁应以浓亮油为佳。

（3）若喜食花椒，起锅后可酌加花椒粉。

（十一）青椒鳝片

青椒鳝片为大众菜肴，广为流行。特点：鳝丝细嫩、香醇爽口，青椒清香味鲜，助餐佐酒均佳。

1. 原料

鳝鱼片 250 克，嫩青椒 100 克，精盐 15 克，黄酒 15 克，酱油 25 克，白砂糖 1 克，味精 1 克，麻油 5 克，水淀粉 10 克，菜油 100 克，鲜汤适量。

2. 制法

在鳝鱼片中加精盐（10 克）反复搓揉后，再用清水洗净黏液，沥干水分，然后与青椒分别切成粗丝。把酱油、味精、白砂糖、水淀粉、鲜汤调成芡汁。炒锅置旺火上，下菜油（50 克）烧至五成热，放入鳝丝炒散，再加入精盐（5克）、黄酒炒熟盛盘。洗净炒锅，又下熟菜油（50克）烧至三成热，放入青椒丝炒至断生，加入鳝丝炒匀，最后烹入芡汁，收汁亮油，淋麻油，起锅盛盘。

（十二）脆鳝挂卤

1. 原料

鳝鱼肉750克，葱、姜、蒜、精盐、白砂糖、醋、酱油、料酒、味精、麻油、花生油、水淀粉。

2. 制法

锅内注水，加料酒、醋、姜，水开后，把鳝鱼肉烫一下捞出，换净水，用手撕成条。把葱切成小葱花，姜切成末，蒜拍碎。用料酒、酱油、精盐、白砂糖、葱、味精、姜、蒜、水淀粉兑成糖醋汁。油烧至八成热，投入鳝条，炸到油内不响。水冒油花时，证明鱼肉已炸酥，用漏勺捞起。出菜时，再用热油重新炸一次捞出装盘。另烧热少许麻油，将兑好的糖醋汁搅匀倾入，用手勺烧熟，见起小泡即离火，浇在鳝条上即成。

（十三）清蒸蟠龙

蟠龙是人们对黄鳝的爱称，清蒸蟠龙为创新菜，它借用清蒸河鳗的工艺经过改进而成。特点：色彩鲜艳，黑白分明，肉质肥嫩，汤清味鲜。

1. 原料

黄鳝2条（约500克），猪肥膘（25克），水发香菇25克，熟火腿25克，熟冬笋片25克，葱结1只，黄酒15克，味精2.5克，姜片1.5克，细盐7克，猪油15克。

2. 制法

（1）将黄鳝宰杀洗净，鳝身切一些小刀口，整鳝盘放入碗内，上笼用大火蒸 5 分钟后取出，再用清水洗净。将鳝放入碗内，加黄酒、姜片、葱结、猪肥膘，继续蒸 20 分钟左右，取出备用。

（2）将火腿、笋片、香菇整齐地排列在中等大小的碗内。整鳝盘放在火腿上面，加味精、细盐、蒸鳝的原汁，再上笼蒸 15 分钟。出笼后，扣在汤盆里，淋上热猪油即成。

四、常用黄鳝补疗菜谱与膳方

吃鳝可以补脑、强身，这是有一定科学根据的。鳝鱼富含维生素 A、维生素 B_1、维生素 C、维生素 E，特别是维生素 A 的含量很多，100 克烤鳝鱼片中含维生素 A 5000 国际单位。维生素 A 可以增强视力，促进皮肤的新陈代谢。食用维生素 B_1 缺乏的食物，使人容易疲劳，食欲不振。维生素 E 有预防多种疾病，延缓衰老的作用。此外，鳝鱼脂肪中 DHA（廿二碳六烯酸）和卵磷脂含量丰富。DHA是人体中不可缺少的必需脂肪酸之一，能增强大脑功能，促进身体健康。卵磷脂是脑细胞不可缺少的营养素。因此，吃鳝不但能补脑，而且对美容、健康均有好处，是理想的保健食品。"黄鳝对苦度火夏之人有裨益，苦夏人应多食之。"这是日本古代著作《万叶集》中的词句。现代研究表明，夏季是人们摄入维生素 A 最少的季节，而黄鳝富含维生素 A，故夏季食用黄鳝对人大有裨益。

（一）黄鳝药膳方选

1. 芪鳝补气汤

（1）制法：鳝鱼 1 条，去内脏，猪瘦肉 100 克，黄芪 15 克，加水共煮，熟后去腥调味食用。也可根据摄食者的习惯加入精盐等作料。

（2）效用：治气血虚所致的体倦乏力、心悸气短、头昏眼花。

2. 鳝鱼强筋健骨汤

（1）制法：鳝鱼 1 条，去内脏，党参 15 克，当归 9 克，牛蹄筋 15 克，加水炖熟后去药调味食用。

（2）效用：补气血，健筋骨。治气血不足，筋骨软弱无力。

3. 清汤鳝鱼

（1）制法：鳝鱼 1 条，去内脏，加调料煮熟后食肉喝汤。

（2）效用：治中气下陷、脱肛、子宫下垂。

4. 鳝鱼红糖散

（1）制法：鳝鱼 1 条，去内脏，红糖 9 克（炒）。将鳝鱼焙干，和糖研末，用温开水吞服。

（2）效用：治久痢虚证、便带脓血。

（二）黄鳝补疗菜谱选

1. 黄鳝小米粥

黄鳝 1 条，小米 50～100 克，细盐少许，先将黄鳝去内脏，洗净切细，后加盐与小米同煮为粥。空腹食，益气补虚，适用于气虚所致的子宫脱垂。

2. 黄鳝内金汤

黄鳝 1 条（约 250 克），鸡内金少许。将黄鳝去内脏切段，同鸡内金加水共煮。每天 1 次。酱油调食，补虚损，强筋骨，健骨消积。适用于小儿疳积虚损。

3. 黄鳝姜片汤

黄鳝 2 条，去内脏，切成段，加几片生姜和少量精盐煮汤，肉熟后饮汤食肉。有补气之功，用于气虚所致的乏力、脱肛、子宫脱垂等病症的调补。

4. 黄鳝大枣汤

黄鳝 2～3 条，猪瘦肉 100 克，黄芪 15 克，大枣 10 枚。将黄鳝去内脏，切成段，黄芪、猪瘦肉（切块）、大枣洗净，共煨，30 分钟后即可饮汤食肉。黄鳝、大枣补益气血，黄芪补气养血，用于气血两虚所致的体倦乏力、少气、头晕、眼花等症，贫血者亦可作为补益之品常用。

（三）黄鳝疗病处方选

黄鳝的药用价值及疗病处方在中国传统药学书籍中多有介绍。《本草纲目》载：鳝肉，甘、温，补中益血，治虚损，有除风湿、强筋骨、消渴止痢、驱风祛痉之功能。鳝血，治口眼㖞斜。鳝头，止痢，治食不消。鳝皮，治妇女乳核硬痛。

黄鳝血液因含有"类蛇血毒素"而有毒，但这种毒素不耐热，故一般煮熟食用不会中毒。民间常用鳝鱼血治疗颜面神经麻痹和中耳炎，效果显著。

1. 久痢虚证、便带脓血

鳝血 1 条，剖去内脏，置于瓦片上用文火焙枯，加红糖 10 克，共研末，开水送服，每天 1 次。5～7 天为 1 个疗程。

2. 妇女乳房硬结疼痛

鳝鱼皮晒干烧灰，研末。饭前用温黄酒调服。每天 3 次，每次 3 克，10 天为 1 个疗程。

3. 口眼㖞斜、颜面神经麻痹

取黄鳝鲜血 30 滴，加麝香 2.5 克，左㖞涂右，右㖞涂左，疗效显著。或用鳝鱼血涂听宫、地仓、太阳三穴，也是右㖞涂左，左㖞涂右，干后再涂，至复原为止。

4. 糖尿病

鲜鳝鱼 250 克，炖熟食之，宜常食用。

5. 体癣

取鳝鱼鲜血涂患处，1 天 2～3 次。

6. 各种外伤出血

将鳝鱼血焙干研末，外敷伤口，止血效果好。

7. 内痔出血

取活鳝鱼，剖腹去杂，常煮汤食之。

8. 脱肛

鳝鱼头焙干研粉，用黄酒调服，每天 2～3 次，每次 5 克。

第十一章　黄鳝养殖行业标准

第一节　相关法规与行业标准

所谓标准是指对产品质量要求及其检验方法等所作的统一的技术规定，是检验和评定产品质量的技术依据。随着国际化水平的提高，对水产品的质量要求也越来越高，要求水产品质量安全及管理水平与现代通用质量管理原则和质量保证模式接轨。因此，近年来，国家相继出台了一系列的相关法律法规、国家标准、行业标准、无公害产品标准和地方标准，为提高水产品质量水平、保证水产品质量安全和提高国际综合竞争力提供了法律保障和技术依据。

一、与黄鳝质量安全相关的国家法律法规

为提高养殖水产品质量安全水平，保护渔业生态环境，促进水产养殖业的健康发展，国家已经制定并执行了多项相关的法律和法规。目前与水产品质量安全相关的法律、法规有：《中华人民共和国渔业法》《中华人民共和国农产品质量安全法》《国务院关于加强食品等产品安全监督管理的特别规定》《农产品包装和标识管理办法（农业部令第 70 号）》《农产品产地安全管理办法（农业部令第 71 号）》《无公害农产品管理办法》《无公害农产品产地认定程序（农业部第 264 号公告）》《食品动物禁用的兽药及化合物清单》《中华人民

共和国农业部公告》《第 560 号兽药地方标准废止目录》《禁止在饲料和动物饮用水中使用的药物品种目录》《实施无公害农产品认证的产品目录（渔业部分）》《水产种苗管理办法》《水产养殖质量安全管理规定》《无公害农产品标志管理办法》《绿色食品标识管理办法》《有机产品认证管理办法》《地理标志产品保护规定》。养殖者要提高黄鳝养殖水平，保证黄鳝产品质量，提高市场竞争力，必须严格遵守国家法律法规。

二、与黄鳝质量安全相关的国家标准

所谓国家标准是指由国家标准化主管机构批准发布，对全国经济、技术发展有重大意义，且在全国范围内统一的标准。分为强制性国标（GB）和推荐性国标（GB/T）。强制性国标是保障人体健康和人身、财产安全的标准和法律及行政法规规定强制执行的国家标准；推荐性国标是指生产、检验、使用等方面，通过经济手段或市场调节而自愿采用的国家标准。长期以来，标准作为国际交往的技术语言和国际贸易的技术依据，在保障产品质量、提高市场信任度、促进商品流通、维护公平竞争等方面发挥了重要作用。随着社会的发展，国家需要制定新的标准来满足人们生产、生活的需要，为保持我国经济平稳较快发展、加快转变经济增长方式、提高自主创新能力、加强和谐社会建设、深化改革开放提供技术支撑。目前与水产品质量安全有关的国家标准有：《GB 11607—1989 渔业水质标准》《农业部办公厅关于印发茄果类蔬菜等 58 类无公害农产品检测目录的通知（农办质〔2015〕4 号）文件》《NY/T 5361—2016 无公害农产品　淡水养殖产地环境条件》《GB 2733—2015 食品安全国家标准　鲜、冻动物性水产品》。

三、与黄鳝质量安全有关的行业标准

所谓行业标准是指由我国各主管部、委（局）批准发布，在该部门范围内统一使用的标准，称为行业标准。行业标准是对没有国家标准而又需要在全国某个行业范围内统一的技术要求所制定的标准，由国务院有关行政主管部门制定，并报国务院标准化行政主管部门备案，但当同一内容的国家标准公布后，则该内容的行业标准即行废止。行业标准由行业标准归口部门统一管理，行业标准分为强制性标准和推荐性标准。水产行业标准（SC）和农业行业标准（NY）隶属于农业部，目前与水产品质量安全有关的行业标准有：《SC/T 0004—2006 水产养殖质量安全管理规范》《SC/T 1077—2004 渔用配合饲料通用技术要求》《NY 5072—2002 无公害食品　渔用配合饲料安全限量》《NY 5071—2002 无公害食品　渔用药物使用准则》《NY 5073—2006 无公害食品　水产品中有毒有害物质限量》。

第二节　黄鳝质量标准

随着集约化和规模化生产的发展，要求黄鳝养殖企业依据生产技术的发展和客观的经济规律进行养殖与管理，以实现养殖企业管理机构高效化、管理技术现代化，建立一套生产、技术、质量、设备、服务、安全与环保等完整的管理体系，从而制定了一系列黄鳝质量标准。

目前指导黄鳝养殖与生产的标准有：《GB/T 22911—2008 黄鳝》《NY 5168—2002 无公害食品　黄鳝》《NY/T 5169—2002 无公害食品　黄鳝养殖技术规范》。

《GB/T 22911—2008 黄鳝》中对黄鳝的主要形态、生长与繁殖、遗传学特性以及检测方法进行了规定，适用于黄鳝的种质检测与鉴定。《GB/T 22911—2008 黄鳝》标准中详细描述了黄鳝的外形：体细长，前部圆筒形，末段稍侧扁，尾部尖细。头部膨大，吻尖，下颌稍短于上颌。眼小，为透明的皮脂膜所覆盖。口裂大，唇发达，上下颌有细齿，齿呈不规则排列，大小不一。鼻孔两对，前后鼻孔分离稍向内凹，无胸鳍及腹鳍，背鳍、臀鳍及尾鳍均退化，仅有不明显的皮褶。体表黄褐色，布满许多不规则黑色斑点，腹部灰白色，体色常随栖居环境不同而不同。

《GB/T 22911—2008 黄鳝》对黄鳝的可数性状和可量性状进行了描述。黄鳝的可数性状为：鳃 3 对，退化、无鳃耙；鳃丝短、羽毛状，鳃丝数 21~25 条。黄鳝的可量性状见表 11-1。

表 11-1   黄鳝的可量性状比值

性　状	比值范围
体长/体高	20.2~27.7
体长/头长	10.2~13.7
头长/吻长	4.1~6.1
头长/眼间距	4.3~7.9
头长/眼径	9.0~20.8

《GB/T 22911—2008 黄鳝》还对黄鳝的内部构造特征、生长与繁殖、遗传学特性及检测方法进行了详尽的描述。黄鳝的鳔退化，鳃不发达，上咽齿和下咽齿呈绒毛状，脊椎骨数为 159~174 节。黄鳝属于雌雄异体动物，具性逆转特征，体细胞染色体数 $2n=24$。

《农办质〔2015〕4 号)》文件中对黄鳝的无公害食品要求进行了规定。见表 11-2。

表 11 - 2　　　　　　　　　　无公害黄鳝安全指标

项目	限量	检测标准
氯霉素	不得检出（0.0003）	GB/T 20756 可食动物肌肉、肝脏和水产品中氯霉素、甲砜霉素和氟苯尼考残留量的测定（液相色谱-串联质谱法）
孔雀石绿	不得检出（0.001）	GB/T 19857 水产品中孔雀石绿和结晶紫残留量的测定（第一法　液相色谱-串联质谱法）
硝基呋喃类代谢物	不得检出（0.001）	农业部 783 号公告-1—2006 水产品中硝基呋喃类代谢物残留量的测定（液相色谱-串联质谱法）
土霉素、四环素、金霉素	0.1	SC/T 3015 水产品中土霉素、四环素、金霉素残留量的测定
磺胺类	0.1	农业部 958 号公告-12—2007 水产品中磺胺类药物残留量的测定（液相色谱法）
恩诺沙星（恩诺沙星+环丙沙星	0.1	农业部 783 号公告-2—2006 水产品中诺氟沙星、盐酸环丙沙星、恩诺沙星残留量的测定（液相色谱法）
氟苯尼考	1.0	GB/T 20756 可食动物肌肉、肝脏和水产品中氯霉素、甲砜霉素和氟苯尼考残留量的测定（液相色谱-串联质谱法）
甲基汞（以 Hg 计）	0.5	GB/T 5009.17 食品中总汞及有机汞的测定

　　这些标准对规范、指导黄鳝无公害生产，提高无公害生产技术水平，增强产品市场竞争力、促进黄鳝养殖产业的健康发展具有重要意义。

第三节 黄鳝健康养殖技术规程

随着人民生活水平的提高，追求绿色保健食品的人越来越多，市场需求量也越来越大，只有规模化、集约化养殖黄鳝才能满足市场的需要。规模化、集约化养殖具有规模大、数量多、密度大、生长速度快和生产水平高等优点，但也会带来不利因素，要控制黄鳝病害和加快生长速度，而不得不使用大量的药物和各种添加剂。因此，建立健全黄鳝安全养殖制度和健康养殖技术规程，可以有效防范黄鳝安全风险，保障黄鳝养殖企业的生产、经营秩序和保证黄鳝产品质量安全。目前我国对黄鳝的规模化养殖制定了相关的健康养殖技术规程《NY/T 5169—2002无公害食品 黄鳝养殖技术规范》，该规程对黄鳝的无公害养殖饲养的环境条件、苗种培育、食用鳝饲养和鳝病防治进行了规定，适用于黄鳝的无公害土池饲养、水泥池饲养和网箱饲养。

一、生产环境要求

1. 产地选择

产地应选择环境安静，水源充足，水质良好，进、排水方便，饲料资源丰富和交通方便的生态环境良好的区域建饲养场。

2. 水质

水量丰富、充足，进、排水系统要完善，水质良好且符合国家渔业水质标准。

二、养殖设施要求

1. 鳝池

鳝池为土池或水泥池，其要求以符合表11-3的要求为宜。

表 11 - 3　　　　　　　　　　鳝池要求

鳝池类别	面积/平方米	池深/厘米	水深/厘米	水面离池上沿距离/厘米	进、排水口
苗种池	2～10	40～50	10～20	≥20	进、排水口直径 3～5 厘米，并用网孔尺寸为 0.25 毫米的筛绢网片罩住，进水口高出水面 20 厘米，排水口位于池的最低处
食用鳝饲养池	2～30	70～100	10～30	≥30	

2. 网箱

网箱选用聚乙烯无结节网片，网孔尺寸 0.80～1.18 毫米，网箱上下钢绳直径 0.6 厘米，网箱面积 15～20 平方米为宜。池塘网箱应设置在水深大于 1.0 米处，水面面积宜在 500 平方米以上，网箱面积不宜超过水面面积的 1/3，网箱吃水深度约为 0.5 米，网箱上沿距水面和网箱底部距水底应各为 0.5 米以上。

不论是池塘还是网箱都应具备防漏、防逃和过滤等设施。

3. 放养前准备

土池和有土水泥池在放养前 10～15 天用生石灰 150～200 克/平方米消毒，再注入新水至水深 10～20 厘米，无土水泥池池底应光滑，放养前 15 天加水 10 厘米左右，用生石灰 75～100 克/平方米消毒，或漂白粉（含有效氯 28%）10～15 克/平方米，全池泼洒消毒，然后放干水再注入新水至水深 10～20 厘米。池内放养占池面积 2/3 的凤眼莲。

网箱在放养前 15 天用 20 毫克/升高锰酸钾浸泡 15～20 分钟，将喜旱莲子草或凤眼莲放到网箱里并使其生长。在网箱内设置一个长 60 厘米，宽 30 厘米，与水面成 300°角左右的饲料台，沿网箱长边靠水摆放。

三、苗种培育

1. 苗种质量

采用从原产地采捕自然繁殖的鳝苗或从国家认可的黄鳝原（良）种场人工繁殖获得鳝苗，放在水泥池进行流水培育，要求放养的鳝苗应无伤病、无畸形、活动能力强。鳝苗要求符合国家水产苗种质量要求。

2. 饲养管理

要从鳝苗的驯饲和投饲、投饲量、水质管理、水温等进行细致与周密的管理。

鳝苗放养的密度不能太大，一般以 200～400 尾/平方米为宜。开始宜用鳝苗喜食的水蚯蚓、大型轮虫、枝角类、桡足类、摇蚊幼虫和微囊饲料等驯饲，且进行定点投喂。1～2 天后，可以投喂团状饲料，长到 15 厘米以上的鳝苗，可以在鲜鱼浆或蚌肉中加入 10％配合饲料，5～7 天后可以正常地投喂配合饲料。日投饲量为：鲜活饲料的日投饲量为黄鳝体重的 8％～12％，配合饲料的日投饲量（干重）为黄鳝体重的 3％～4％。

养殖鳝苗的水质管理很重要，应做到水质清爽，勤换水，保持水中溶氧量不低于 3 毫克/升。流水饲养池流量以每天浇换 2～3 次为宜，每周彻底换水一次。

黄鳝对温度敏感，加强水温管理非常重要。换水时水温差应控制在 3 ℃以内，保持水温在 20 ℃～28 ℃为宜。水温高于 30 ℃，应采取加注新水、搭建遮阳棚、提高凤眼莲的覆盖面积或减少黄鳝密度等防暑措施，水温低于 5 ℃时应采取提高水位确保水面不结冰，搭建塑料棚或放干池水后在泥土上铺盖稻草等防寒措施。

为提高黄鳝的饲养管理水平，必须做好饲养管理日志和巡池日志，坚持早、中、晚巡池检查，检查防逃设施，掌握黄鳝的吃食情况，并调整投饲量，查看水色，测量水温，闻有无异味等。

四、食用鳝饲养

1. 鳝种放养

鳝苗长成 20～50 克后，选择反应灵敏、无伤病、活动能力强、黏液分泌正常的鳝苗，宜选择深黄大斑鳝、土红大斑鳝的地方种群进行晴天放养，水温宜在 15 ℃～25 ℃。放养密度为 20 平方米左右的流水池放养鳝种 1.0～1.5 千克/平方米，面积 2～4 平方米的流水饲养池放养鳝种 3.0～5.0 千克/平方米为宜，静水饲养池的放养量约为流水池的 1/2，网箱放养鳝种 1.0～1.5 千克/平方米为宜。

放养前鳝体应进行消毒，常用消毒药有食盐：浓度为 2.5%～3%，浸浴 5～8 分钟；聚维酮碘（含有效碘 1%）：浓度 20～30 毫克/升，浸浴 10～20 分钟；四烷基季铵盐络合碘（季铵盐含量 50%）：0.1～0.2 毫克/升，浸浴 30～60 分钟。消毒时水温差应小于 3 ℃。

2. 饲养管理

野生鳝种入池宜投饲蚯蚓、小鱼和蚌肉等饲料进行驯饲。鳝种摄食正常一周后每 100 千克鳝用 0.2～0.3 克左旋咪唑拌饲驱虫 1 次，3 天后再驱虫 1 次，然后开始驯饲配合饲料。驯饲开始时，将鱼浆、蚯蚓或蚌肉与 10% 配合饲料揉成团状饲料或加工成软颗粒饲料或直接拌入膨化饲料，然后逐渐减少饲料量。经过 5～7 天，鳝种能摄食配合饲料。

投饲必须定点、定质和定量。黄鳝喜欢在阴凉暗处，并靠近池的上水口摄食，应在此进行定点投喂，投喂的鲜饵料必须新鲜、无污染、无腐败变质，投饲前应洗净后在沸水中放置 3～5 分钟，或用高锰酸钾 20 毫克/升浸泡 15～20 分钟，或 5% 食盐浸泡 5～10 分钟，再用淡水漂洗后投饲。日投饲量依温度而定。水温 20 ℃～28 ℃时，配合饲料的日投饲量（干重）为鲜体重的 1.5%～3%，鲜活饲料的日投饲量为鳝体重的 5%～12%，水温在 20 ℃以下，28 ℃以上时，配合饲料的日投饲量（干重）为鳝体重的 1%～2%，鲜活饲料的日投饲量为鳝体重的 4%～6%，投饲量的多少应根据季节、天气、水质和鳝的摄食强度进行调整，所投的饲料宜控制在 2 小时内吃完。

做好饲养管理日志和巡池日志，坚持早、中、晚巡池检查，检查防逃设施，掌握黄鳝的吃食情况，并调整投饲量，查看水色，测量水温，闻有无异味等。

五、鳝病管理

1. 鳝病预防

鳝病预防以生态预防为主，药物预防为辅。生态预防要求做到：保持黄鳝养殖环境的良好，加强水质、水温管理，另外蟾蜍分泌物预防鳝病有效果，可以在鳝池或网箱中搭配放养少量泥鳅以活跃水体，放入数只蟾蜍以预防鳝病。药物预防主要采用漂白粉进行定期喷洒鳝池和网箱及周边环境。饲喂的饲料和工具也要定期用高锰酸钾、食盐等进行消毒。一旦发现病鳝，应及时隔离饲养，并用药物处理。

2. 常见鳝病及其治疗方法

在野生的环境条件下，黄鳝的病害一般较少，但在人工高密度饲养的环境条件下，往往会导致疾病的发生。导致黄鳝发病的原因很复杂，常见的有放养密度过大、水温不适宜、养殖水体中有机质过多等。预防和治疗鳝病需要用药，但一定要安全用药。黄鳝常见的病害及治疗方法见表 11-4，黄鳝常用药物及国家禁用药物目录见表 11-5 和表 11-6。

表 11－4　　　　　　　　常见鳝病及其治疗方法

病名	症　状	治疗方法
赤皮病	病鳝体表发炎充血，尤其是鳝体两侧和腹部极为明显，呈块状，有时黄鳝上下颌及鳃盖也充血发炎。在病灶处常继发水霉菌感染	用 1.0～1.2 毫克/升漂白粉全池泼洒，用 0.05 克/升明矾兑水泼洒，2 天后用 25 克/升生石灰兑水泼洒，用 2～4 毫克/升五倍子全池泼洒，每 100 千克黄鳝用磺胺嘧啶 5 克拌饵投饲，连喂 4～6 天
打印病	患病部位先出现圆形或椭圆形坏死和糜烂，露出白色真皮，皮肤充血发炎的红斑形成明显的轮廓，病鳝游动缓慢，头常伸出水面，久不入穴	外用药同赤皮病，内服药以每 100 千克黄鳝用 2 克磺胺间甲氧嘧啶拌饵投饲，连喂 5～7 天
细菌性烂尾病	感染后尾柄充血发炎、糜烂，严重时尾部烂掉，肌肉出血、溃烂，骨骼外露，病鳝反应迟钝，头常露出水面	用 10 毫克/升的二氧化氯药浴病鳝 5～10 分钟，每 100 千克黄鳝用 5 克土霉素拌饵投饲，每天一次，连喂 5～7 天
细菌性肠炎	病鳝离群独游，游动缓慢，鱼体发黑，头部尤甚，腹部出现红斑，食欲减退。剖开肠管可见肠管局部充血发炎，肠内没有食物，肠内黏液较多	每 100 千克黄鳝每天用大蒜 30 克拌饵，分 2 次投饲，连喂 3～5 天，每 100 千克黄鳝用 5 克土霉素或磺胺甲基异噁唑，连喂 5～7 天
出血病	病鳝皮肤及内部各器官出血，肝的损坏尤为严重，血管壁变薄甚至破裂	用 10 毫克/升的二氧化氯浸浴病鳝 5～10 分钟，每 100 千克黄鳝用 2.5 克氟哌酸拌饵投饲，连喂 5 天，第一天药量加倍
水霉病	初期病灶并不明显，数天后病灶部位长出棉絮状菌丝，在体表迅速繁殖扩散，形成肉眼可见的白毛	用 400 毫克/升食盐、小苏打 (1：1) 全池泼洒

续表

病名	症　状	治疗方法
毛细线虫病	毛细线虫以其头部钻入寄主肠壁黏膜层，引起肠壁充血发炎，病鳝离穴分散池边，极度消瘦，继而死亡	每 100 千克黄鳝用 0.2～0.3 克左旋咪唑或甲基咪唑，连喂 3 天
棘头虫病	棘头虫以其吻端钻进寄主肠壁黏膜，致肠壁发炎，轻者鳝体发黑，肠道充血，呈慢性炎症，重者可造成肠穿孔或肠管被堵塞，鳝体消瘦，有时引起贫血、死亡	每 100 千克黄鳝用 0.2～0.3 克左旋咪唑或甲苯咪唑和 2 克大蒜素粉或磺胺嘧啶拌饵投饲，连喂 3 天

　　注：1. 浸浴后药物残液不得倒入养殖水体。

　　　　2. 磺胺类药物与甲氧苄氨嘧啶（TMP）同用。第一天药量加倍。

表 11‑5　　　　鳝病治疗中推荐使用的渔药目录及使用方法

药物名称	使用方法	作用与用途	常规用量	休药期（天）
生石灰	清塘或全池泼洒	改善鳝池环境，清除敌害生物及防治细菌性鳝病	带水清塘：200～250 毫克/升 防治鳝病：20～25 毫克/升	
漂白粉	全池泼洒	改善鳝池环境，清除敌害生物及防治细菌性鳝病	带水清塘：20 毫克/升 防治鳝病：1～1.5 毫克/升	≥5
强氯精	全池泼洒	防治细菌性皮肤溃疡病、出血病等	0.3～0.5 毫克/升	≥10
二溴海因	全池泼洒	防治细菌性鳝病	0.1～0.2 毫克/升	
聚维酮碘（有效碘1%）	全池泼洒	防治细菌性鳝病和预防病毒性鳝病	1 毫克/升	

续表

药物名称	使用方法	作用与用途	常规用量	休药期（天）
磺胺嘧啶	拌饵投喂	治疗鳝鱼肠炎病	每千克鳝鱼每天喂100～200毫克，连喂5～7天	≥30
磺胺甲基异噁唑（SMZ）	拌饵投喂	治疗鳝鱼肠炎病、烂皮病等	每千克鳝鱼每天喂100～200毫克，连喂5～7天	≥30
大蒜	拌饵投喂	治疗鳝鱼肠炎病	每千克鳝鱼每天喂10～30克，连喂5～7天	
板蓝根	拌饵投喂	防治细菌性和病毒性鳝病	每千克鳝鱼每天喂1～2克，连喂5～7天	
大黄	拌饵投喂	防治细菌性肠炎和赤皮病等鳝病	每千克鳝鱼每天喂5～10克，连喂5～7天	

表 11-6　　　　　鳝病治疗中禁用渔药目录

药物名称	禁用原因
五氯酚钠	高毒高残留
孔雀石绿	高毒致癌高残留
醋酸亚汞	高毒高残留
硝酸亚汞	高毒高残留
有机氯农药	高毒高残留
菊酯类农药	高毒
呋喃西林	内服有毒
喹乙醇	对鳝鱼肝、肾有较大破坏作用
甲基睾丸酮	对人类有危害
己烯雌酚（包括雌二醇等）	对人类有危害

第十二章 黄鳝的市场特征与营销策略

第一节 黄鳝价格变动规律

一、黄鳝产量情况与上市规律

据《中国渔业年鉴》（2018）资料显示，2017 年全国黄鳝产量 358295 吨，较 2010 年 272939 吨，增长 7.13%。2017 年主产省份产量排名前 6 位的省份是：湖北 172302 吨、江西 83571 吨、安徽 40957 吨、湖南 32896 吨、四川 11600 吨、江苏 5097 吨。

据业内人士介绍，湖北养殖黄鳝出货高峰期在 10 月至翌年 3 月，每天出货量在 10 万～30 万千克；重庆本地黄鳝出货高峰期在 3～7 月，每天出货量 1.5 万～2.5 万千克；江苏连云港养殖黄鳝出货高峰期在 10 月至翌年 4 月，出口出货在 1.5 万～2.5 万千克，国内销售量每天 1.5 万～2.5 万千克；其他主产区野生黄鳝出货高峰期在夏季，出货量较难统计。现在国内野生黄鳝逐渐减少，东南亚地区有缅甸、越南、孟加拉国、泰国、印度尼西亚、菲律宾等国黄鳝大量进入国内市场。如缅甸黄鳝常年出货，越南黄鳝出货高峰期在 10 月至翌年 3 月，孟加拉国黄鳝出货高峰期在夏季，每个星期出货量在 100～150 吨。

二、黄鳝价格及变动规律

近年来，黄鳝价格除季节性波动外，总体趋势为逐年上升。

表 12 - 1　　　　各地黄鳝最近 4 年同期价格对比　　　　元/千克

市场名称	2012 - 09 - 19 平均价	2011 - 09 - 19 平均价	2010 - 09 - 19 平均价	2009 - 09 - 19 平均价
北京朝阳区	55	36	34	32.5
湖北洪湖	57	42	38	34
江苏凌家塘	54	50	37	36
苏州南环桥	54	53	48	39
福建福鼎	52	41	35	31
江西九江	48	48	32	32

从表中价格统计，可以看出黄鳝的价格逐年上升。其实每年黄鳝价格高峰期一般都出现在春节期间，所以每年的春节价格会更高。2012 年春节义乌农贸城黄鳝价格竟然达到了 90～110 元/千克，由此可见，一般在气温较低的冬季黄鳝比较难捕捞，此时黄鳝的价格最高，人工养殖黄鳝就可以选择此时出售，赚取的利润最大！

值得注意的是，进入 2013 年之后，全国各地市场上黄鳝价格不断下挫。以江苏南京为例，2013 年 1 月 4 日南京六合沪江水产市场 30 克以下养殖黄鳝批发价格是 34.5 元/500 克，30～65 克养殖黄鳝批发价格是 35.5 元/500 克，65～100 克养殖黄鳝批发价格是 35.5～36 元/500 克，100 克以上养殖黄鳝批发价格是 36 元/500 克。2013 年 4 月，每 500 克黄鳝的批发价比去年同期降了 15 元。据统计，江苏南环桥市场 4 月 1 日每 500 克黄鳝平均批发价为 29 元，和 2012 年

4月1日的每500克44.5元相比，跌了35%。

直至2013年5月，其价格一直维持在30元/500克上下这一水平，表明黄鳝价格将处于相对稳定期，究其原因，一方面，因为黄鳝价格持续走高，养殖利润可观，去年黄鳝养殖户增长较快，加之养殖成本增加，养殖户惜售心理较高，囤养量很大，短期内市场难以消化；另一方面，前期黄鳝市场价格过高，普通消费者心理难以承受，加之党的十八大后，中央推出厉行节约的八项决定，公款消费在一定程度上受到了抑制，而黄鳝作为水产品中价位较高的品种，无疑受到一定冲击，将失去相当一部分消费市场。同时，由于黄鳝价格坚挺，使得进口黄鳝有利可图，如东南亚地区野生黄鳝资源丰富，本地市场消费数量有限，当地价格仅为国内市场的一半左右，到岸成本不超过20元/500克，大量进口黄鳝涌入国内市场，一定程度上平抑了市场。缅甸黄鳝主要是产自缅甸最大的城市仰光省一带，经过云南德宏傣族景颇族自治州瑞丽市进入我国市场，在昆明中转之后分流至广州、重庆等市场。2012年旺季，广州市场上缅甸黄鳝每天销量大概在5吨以上，中国水产养殖网黄鳝行情直通车数据显示，2012年7月10日广州黄沙水产市场40克以上缅甸黄鳝批发价格是24.5元/500克，25～40克缅甸黄鳝批发价格是20.5元/500克，10～20克缅甸黄鳝批发价格是18～19元/500克。但是进口黄鳝屡屡检出寄生虫，其生态风险不容低估。

从长远来看，预计随着仿生态繁殖技术的不断突破，苗种供应瓶颈有望得到进一步突破。黄鳝的养殖也将从几年来快速增长期步入平衡发展期，黄鳝产业也将进入成熟期，黄鳝消费也最终走入寻常百姓家。

【行家论市场】

黄鳝：价格回调，长期趋于稳定

——《水产前沿》2018年12月刊市场趋势

截至2018年11月20日，武汉白沙洲市场报价100～200克16元/千克，江苏常州凌家塘报价100～200克16元/千克，100克以下规格14.5元/千克，先锋交易市场黄鳝价格也在13.5～15元/千克，不同规格的价格差异不大。相比上月同期整体价格下滑，主产地两湖地区的黄鳝价格相对偏低，50～100克的黄鳝跌破15元/千克。

每年的这段时间养殖户都开始大量起箱了，今年也不例外，一方面资金要回笼，另一方面早上市，免得到手的鳝鱼出现意外损失；随着养殖黄鳝的大量上市，市场上的供应量会快速增加，消费市场却反而是个相对疲软的阶段，整体来看对黄鳝价格肯定会有一定影响。纵观全年的养殖情况，今年的起箱效果都比较不错，相比去年产量提升预估10%。

预计后面的价格会持续一段时间在14～16元/千克波动，现在黄鳝市场相比前几年越来越成熟和稳定，消费者和养殖户也更理性，短期内太大的波动不太可能，当前最大的影响因子就是今年的产量和出售的速度。

（摘自：中国水产频道　作者：陶攀峰）

第二节　黄鳝养殖投入产出分析

现以池塘网箱养鳝为例，对养鳝效益情况进行粗略分析。

一、投入（按养殖 100 箱 6 平方米网箱计算）

1. 水面租金。300 元/（亩·年）（各地不同，请自己调节数据）。100 箱占地 2.2 亩左右，成本 700 元。

2. 网箱。100 个 6 平方米网箱×30 元/个＝3000 元。再加上支架等设备、2 亩的铁丝桩柱 100 元。网箱可以使用 3 年，每年分摊成本 1000 元左右。

3. 鳝苗。1 个网箱投苗 6～7.5 千克，鳝苗 7～10 元/500 克，成本为 168～300 元。100 个网箱是 16800～30000 元。每年鳝苗成本不同，请根据当地的情况调节数据。

4. 饵料成本。一个网箱一般投喂配合饲料 1～1.5 包，鲜鱼 10～15 千克。配合饲料 85 元一包（40 千克），鲜鱼各地价格差别较大，暂时按白鲢 2.5 元/500 克计算。1 个网箱成本一共是 135～200 元，100 个网箱是 13500～20000 元。

5. 药物等其他成本。渔药成本一般 1 个网箱 15 元左右。100 个网箱共 1500 元。

6. 养殖周期。5～10 个月。

7. 总成本。按每年鳝苗和饵料价格的差别，成本在 33500～53200 元，如果鳝苗价格波动过大，成本还会超过这个范围。

二、产出（按养殖 100 箱 6 平方米网箱计算）

1. 卖黄鳝收入。黄鳝一般 32～45 元/500 克，但是市场价格变化较大，因此收入为 480～1575 元，100 个网箱是 48000～157500 元。

2. 利润。亏损 5200 元至盈利 12400 元。

3. 分析。黄鳝养殖利润受鳝苗价格和黄鳝收购价格影响较大，这两个成本无法人为控制，投资前一定要做好各种应对准备。

【行家问答】

黄鳝养殖收益问答

1. 黄鳝养殖投资多少？

一亩 30 个网箱（每箱规格 3 米×2 米×1.2 米），概算一个网箱从初到终投资约 1200 元。共约 36000 元。

简单计算法则：预计养殖苗种重量×苗种价格×2。一般买苗需要多少钱，后期的食料成本大约等同于苗种成本。

30 个网箱，10 千克/网，300 千克苗，31 元/500 克，需18600 元，食料再花 18600 元，合计 37200 元。

2. 黄鳝养殖收益多少？

收益按增重 2.8 倍计算，成鳝 840 千克，售价 36 元/500 克，毛收益 60480 元，减去成本 37200 元，每亩收益约 23280 元（没有计算第一年的各项开支，没有计算损苗）。

3. 黄鳝养殖风险如何？

30 个网箱，苗种进来 300 千克。

比实际苗种 50 千克少 3 千克，则 300 千克只有 282 千克。

每 100 千克苗种剔除 2 千克残种，现在只剩下 276 千克。

分 30 个网箱，每个网箱损苗 500 克，现在只有 261 千克。实际每个网箱平均 8.7 千克。

由于水老鼠啃咬或者网箱质量不好又或者黄鳝尾巴太厉害，漏了一个网箱的鳝鱼，8.7 千克黄鳝跑得只剩下 2.7 千克黄鳝。

驯食没有驯好，15 个网箱 8.7 千克只有 7 千克开口了，一共有 22.5 千克黄鳝没有开口……

由于新手第一年很多问题不懂，有 5 个网箱发病比较早，共计死了苗种 6 千克……剩下病鳝的售价比较低，相当于持平。

真正长大的，创造效益的鳝鱼，只有 227 千克。

买一个船花 200 元，买下水衣，买绞肉机，加上跑来跑去的车费，合计 1200 元。

227 千克增长 2.8 倍，成鳝有 632.8 千克，售价 36 元/500 克，收入 45561 元，净收入 7161 元。

如果成鳝价格没有卖到 36 元/500 克，只卖到了 34 元/500 克，收入 43030.4 元，净收入 4630.4 元。

如果鳝鱼长势不好，没有 2.8 倍，只有 2.5 倍，成鳝 565 千克，售价 36 元/500 克，收入 40680 元，净收入 2280 元。

这些说的是普通的风险，严重的会更亏……

4. 对于黄鳝养殖未来的宏观预计如何？（仅代表个人意见）

每年扩大规模无数，三到五年市场饱和，小型养殖户因为成本高、风险大、收益低将持续放弃本行业。

大型养殖场由于占有量大的优势，可以缓冲拉平亏损，持续盈利（不管多少），最终小型养殖户被挤压淘汰。

黄鳝苗规模化繁育的难题不攻破，四五年后即将出现无鳝可养的局面，即使大型养殖场也会举步维艰，自繁自养终究满足不了市场需求，但是黄鳝价格贵如黄金，培育鳝苗的高成本又没有压力了……这个说不好的事情……

5. 送给其他各地黄鳝养殖新人的信息有哪些？

新手入行，切记不可头脑发热。

时刻关注仙桃黄鳝行情，先锋黄鳝贸易市场（湖北仙桃）5 年前黄鳝可以赚差价，如今是负差价（三十八九元的苗种，

35元的成鳝），同样的道理就是，如果你所在地区还可以像先锋5年前那样赚差价，你的市场行情就落后于先锋5年时间，那么，特别注意，先锋黄鳝贸易市场传说可以遥控上海黄鳝的价格，当这个市场崩盘时，波及整个行业，你要尽早退出。

（摘自：我爱养殖网　http://www.5iyzw.com　作者：菩提子）

第三节　鲜活黄鳝的营销模式与特征分析

目前，黄鳝的销售以鲜活为主，可谓"千斤活鱼好卖、一斤死鱼难售"。根据相关研究，结合对江苏、湖南、湖北等销地及产地市场调查，按鲜活黄鳝流通过程中各功能主体之间的联结方式（包括资本、协议、合同），可把黄鳝流通组织模式分成市场交易型、联盟合作型和产运销一体化型3种（鲜活黄鳝流通组织基本结构如图12-1所示）。现将各种类型的特点介绍如下。

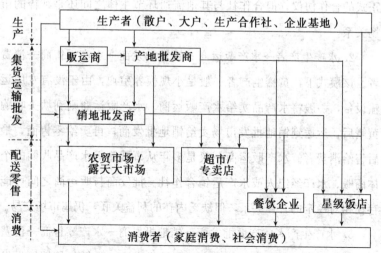

图12-1　鲜活黄鳝流通组织基本结构示意图

一、销售类型

（一）市场交易型

市场交易型模式指黄鳝流通过程的各功能环节由不同主体承担，各主体之间没有协议或合同，以纯粹的市场关系为主。他们一般根据市场行情变化随机进行交易，交易过程多在水产品批发市场进行，这是目前黄鳝流通组织模式最主要的类型。根据流通过程经过的渠道环节不同，黄鳝市场交易型模式主要包括以下 4 种。

1. 水产生产者→销地批发商→水产零售商→消费者。该模式下黄鳝养殖者一般是大户或养鳝合作社，由于实力较强，可以购置专用运输设备，通过自运或第三方物流运输等方式将黄鳝出售给销地批发商，再转卖给零售商（主要是农贸市场/露天菜市场，下同），最后售给消费者。合作社内部农户之间及农户与合作社之间存在较正式的合作协议，但合作社与其他流通环节主体之间还是纯粹的市场关系。

2. 水产生产者→水产贩运商→销地批发商→水产零售商→消费者。该模式下，黄鳝生产者一般是小规模养殖户，由于没有专用运输设备，一般将水产品卖给水产贩运商。水产贩运商则到塘头收购黄鳝后，运送到销地批发市场卖给销地批发商，再卖给零售商，最后售给消费者。水产贩运商一般是多年从事黄鳝等水产品收购的个体商贩、水产经纪人或水产运销合作社。批发商与贩运商之间可能存在相对稳定的合作关系，但缺乏内在的利益关联，仍属市场交易。

3. 水产生产者→产地批发商→销地批发商→水产零售商→消费者。该模式下，生产者将黄鳝卖给产地批发商，再转售给销地批发商，再转卖给零售商，最后售给消费者。一般在黄鳝主产区，区域性水产品的集散、供求信息和价格等需要通过产地批发市场进行。由于运输半径较小，黄鳝生产者一般通过简易运输工具将产品运送至附近的产地批发市场出售，而不熟悉产地养殖户状况的各销地批发商则通过自运的方式到产地批发商处采购。

4. 水产生产者→水产贩运商→产地批发商→销地批发商→水产零售商→消费者。对于主产区的小规模养殖户来说，由于没有专用运输设备，经常把黄鳝售卖给贩运商，水产贩运商到塘头收购黄鳝后，再贩运到产地批发市场出售给产地批发商；销地批发商则到产地批发商处购买，再转卖给零售商，最后出售给消费者。中间经过水产贩运商、产地批发商、销地批发商和水产零售商 4 道环节。在江苏、湖北等黄鳝主产区的调查发现，该模式也较为多见。

（二）联盟合作型

联盟合作型模式指黄鳝流通过程的各功能环节由不同主体承担，各主体之间以某种协议或合同的形式明确各自分工，建立上下游功能主体之间的长期交易联盟关系，形成黄鳝供应链风险和利益共担合作机制。这种模式也是目前黄鳝流通组织模式的重要类型。根据流通过程中占据主导地位的联盟合作主体属性，联盟合作型模式可分为以下 3 种。

1. 生产合作社主导型。该模式一般以优势产区的养鳝合作社为核心。这些养鳝合作社一般会利用自身独特品种、生产规模、技术服务、信息和品牌等方面的优势进行企业化经营，积极主动开拓市场，与下游水产品批发、零售商和餐饮企业形成稳定的契约化合作，并根据市场需求进行生产计划安排，在产品供给以及价格等方面具有主导地位。以湖北省强龙水产合作社为例，其黄鳝产品已经占据东南沿海 70% 的份额，拥有市场的绝对定价权。

2. 批发商主导型。该模式以批发市场（包括产地批发市场与销地批发市场）为核心，通过批发市场管理者提供的区域农产品集散、供求信息、产销对接、分级、配送、展示、会议洽谈及电子商务等服务功能，各批发商有效连接各自上游供货商（生产者、贩运商等）和下游零售餐饮企业，并通过协议或合同结成长期固定紧密的合作关系。

3. 定点零售餐饮企业主导型。该模式一般以超市、餐饮企业或星级饭店等为核心。连锁超市、连锁餐饮企业以及星级饭店等具有雄厚的资金实力和网络化的销售渠道，配备强大的信息系统，有实力派出大量采购员直接去产地批量采购或建立生产基地；单店超市和特色餐饮企业，虽然规模和实力不太强，不具备强大的信息系统，也没有实力派出大量采购员直接去产地批量采购或建立生产基地，但连续稳定的需求使之可以与黄鳝生产者、贩运商、产地批发商或销地批发商等形成稳定的长期联盟合作关系，以获得连续、稳定、安全的产品供应。这种模式中最重要的是定点零售餐饮企业的消费需求，定点零售餐饮企业对产品数量、质量和档次等需求越强烈，其主导的整条供应链的合作关系就越稳定。

（三）产运销一体化型

产运销一体化型模式是指黄鳝从生产到消费的全流通过程各功能环节均由同一个主体完成，中间无任何其他市场交易行为。这是黄鳝流通组织化程度最高的模式，在实际中并不多见。根据运输量、运输距离等划分，产运销一体化型模式可分为以下 2 种。

1. 原始/单段二元式。此种模式下生产者生产的黄鳝直接拿到市场销售给消费者，是最原始、最基本、最简单的模式。目前在流通不发达地区，小规模黄鳝生产者由于生产量较少、无专业运输车辆，产品出塘后就近销给当地居民。

2. 现代/单段二元式。此种模式下也只包括生产主体和消费主体两类，但生产环节一般实行集约化、规模化养殖，运输环节生产者自建物流配送中心，销售环节自建连锁专卖店或专卖区，甚至参股零售餐饮企业的经营，物流更快、更准、更优。

二、流通组织模式特征分析

（一）市场交易型模式特征分析

1. 生产与消费特征。该模式下，生产主体主要是黄鳝养殖散户、大户或生产合作社；而消费主体以居民日常家庭食用为主，属于大众消费群体。

2. 流体与运输特征。该模式下，流体主要以规格较小、价格较低的黄鳝为主。运输主体主要是养殖户、贩运商或一些个体运输户；近距离运输一般采用三轮车、小型农用车或小型面包车加盛装黄鳝的桶、篓、袋等，很少有充氧设施；中远距离运输则一般采用自己改装或改装厂改装的活鱼运输车，有一定的充氧设施，并在运输途中进行适当的换水或加冰。

3. 成本费用特征。该模式下，运销主体的初期固定投资不高，设施费用较低；但由于产、运、销都是由不同的主体控制，交易环节较多，各个主体需要花费大量搜寻成本和甄别成本，寻找合作伙伴，并甄别不同的合作伙伴之间合作的利益变化，因此交易费用较高。

4. 运行效率特征。该模式下，由于各运销主体各自负责一个或几个功能环节，不同主体随着市场变化随机交易，各主体关系极不稳定，组织化程度低，产品质量可追溯性差。

（二）联盟合作型模式特征分析

1. 生产与消费特征。该模式下，生产主体以养殖大户、生产合作社以及养殖企业为主，生产有一定的规模及计划；而消费主体可根据最终消费场所的不同，分为大众和高端两个层次。一般通过合作社、批发市场、超市以及特色餐饮企业进入消费市场的主要是面向大众消费；通过星级酒店进入消费市场的产品档次高，主体消费能力强。

2. 流体与运输特征。该模式下，面向大众消费的流体主要是质量一般的黄鳝，而面向星级酒店等高端消费人群的流体主要是大规格优质产品。由于供应链合作关系稳定，需求量较大，中低价格活鱼长距离运输一般委托第三方物流公司，或自建的农产品物流配送中心，采用专用的活鱼运输车和活鱼运输集装箱，水质净化、降温以及增氧设施及技术较高；而中高价格的活鱼长距离运输一般采用空运，以保证黄鳝的质量。

3. 成本费用特征。该模式下，运销主体物流设施的固定投资较大，设施费用较高；但由于运销规模较大，供应链合作关系稳定，所以搜寻和甄别交易合作伙伴、价格谈判以及合作伙伴的违约风险等造成的交易费用较低。

4. 运行效率特征。该模式下，虽然流通渠道可能较长，流通环节可能较多，但由于各主体形成了较为稳定的合作关系，供应链的稳定性较高，并可形成一定的质量追溯体系。

（三）产运销一体化型模式特征分析

1. 生产与消费特征。现代/单段二元式模式的生产主体主要是大型的养殖企业（原始/单段二元式模式不讨论），生产、资金以及运营能力较强，管理和技术水平较高，企业的生产规模较大，品种较多，生产基地可能是跨区域的网络布局，因而一般是面对大众的消费。

2. 流体与运输特征。现代/单段二元式模式下，企业的生产基地一般进行无公害生产或有机生产，进行品牌化销售，因此流体也有较高的价格；该模式下，多数企业的养殖基地随消费市场而布局，因此运输距离相对较近。为了保障品牌鱼的质量，一般企业自建物流配送中心，采用较为高级的活鱼运输设施进行运输。

3. 成本费用特征。现代/单段二元式模式下，产运销是同一主体，需要在物流系统、销售系统和营销系统等方面同时投资，设施费用较高；但由于不存在其他交易主体，基本没有搜寻、甄别交易合作伙伴以及谈判等的交易费用，并且企业可以结合自身条件设计规划物流线路，大大降低了总体运营成本。

4. 运行效率特征。现代/单段二元式模式下，流通渠道最短，环节最少，直接面对消费者，针对市场变化可以及时调整生产规模和生产种类，对市场作出较快反应；而且，只有一个运销主体，供应链稳定性高，可形成良好的质量追溯体系。

通过对黄鳝流通组织模式的现状分析，以及对不同组织模式的特征分析，可以看到：市场交易型、联盟合作型和产运销一体化型流通组织模式存在的条件各不相同，其中，影响模式选择的因素主要有生产和消费特征、黄鳝品质和运输特征等；由此引发各流通组织模式的运行效率和成本费用也有较大差异。随着流通组织模式组织化程度的提高，产业链的稳定性、敏捷性以及质量安全保证能力均有较大提高。因此，对黄鳝流通组织模式进行优化，并提出适宜的升级措施将是未来黄鳝产业链发展的关键。

第四节　黄鳝市场的主要特点与营销策略

一、主要特点

1. **价格波动频繁。**由于黄鳝生长期较短，季节性很强，商品上市供应量不均，一年四季的价格在不停地变化。但也有规律，正常年份大多数水产品市场价格以春、秋为最低。

2. **养殖门槛较低。**水产品市场的门槛是最低的。换句话说，水产品市场是初级竞争性市场，是较原始的市场形态，黄鳝市场也不例外。由于门槛低，市场相当宽容，只要有钱挖坑，你就可以养鳝；只要有钱进货，你就可以卖鳝。由于门槛低，市场竞争就更加激烈，其竞争方式也更多地表现为低层次的价格竞争，另外由于门槛低，也为少数不法商家制假贩假提供了机会。

3. **上市季节性强。**除加工的黄鳝外，大多数养鳝户都在春、秋两季上市。我国为了保护渔业资源，实行夏季休渔制度，加之人工养殖的黄鳝也多在秋季起捕出塘。上市时间的集中，给黄鳝的市场营销带来一定的难度。

4. **养殖风险性大。**首先是生产风险，黄鳝养殖环境要素中有许多不确定因素，如生产设施、设备、技术、管理等方面存在各种问题。其次是质量风险，水环境的污染、养殖区域布局不合理、生产过程滥用药物等都使黄鳝的质量受到影响。第三是市场风险，人工养殖黄鳝耐运输能力较差，运输途中易受伤死亡，且市场风云变幻莫测。

二、营销策略

(一) 创新

创新策略是市场营销的基本策略，水产品市场创新策略就是用创新产品去填补市场的空白之处，以满足消费者的不同需求。对于黄鳝产业而言，创新要针对产业发展的瓶颈、注重深加工、创新营销方式等。如突破规模化鳝苗繁育问题；加强黄鳝加工工艺研究、增加市场花色品种；成立养鳝合作组织、提高抗风险能力；加强市场营销、积极拓展国外市场等。

(二) 低价

迈克尔·波特在《竞争战略》中指出，一个营销者要么降低成本，要么提供不同的产品，要么就离开这个市场。如果没有实力创新，又不舍得退出，就只有进行低价营销。黄鳝属于非必需消费品，如果其价格较高，不仅在同行业的竞争中丧失优势，而且在与其他食品行业竞争中也处于下风。换句话说，如果消费者认为黄鳝的价格太贵，就不食用了，而换为其他水产品，甚至猪肉、牛肉、羊肉、鸡、蛋类等，此消彼长。低价的基础一是规范管理以降低成本，二是依靠科技以提高效率，从而确保经济效益。

(三) 优质

随着人们生活水平的提高、健康意识的增强以及我国加入了WTO，水产品质量的要求越来越高，从而为优质水产品营销提供了广阔的空间。市场调查资料显示，近年来优质水产品一直在水产品市场上走势强劲。对黄鳝产业而言，实行优质策略，首先是选择优质种源，选择生长速度快、品质好的鳝种；其次是加强养殖环境的监管，确保黄鳝始终处于最佳生长环境。加强投入品监管，确保饲料营养平衡、新鲜适口，严格用药程序，坚决杜绝使用违禁药物。再次是加强流通环节监管，杜绝掺杂使假行为，确保产品质量安全。近日，监利县在采纳相关现行国家标准和农业行业标准的基础上制定"荆江黄鳝"企业标准，对于养殖基地的水源环境、排灌渠道、水质、黄鳝的感官及安全指标等方面都提出了严格要求，确保了黄鳝的养殖质量。

（四）服务

市场的发展与成熟，使消费者对服务内容的要求越来越具体，对服务质量的要求越来越高。服务是继质量、价格之后市场竞争的重要内容之一，搞好服务，就是提高市场的竞争力。为顾客提供周到、细微、全面的服务，让其购买方便、携带方便、食用方便。向其介绍宣传黄鳝的营养成分（丰富的蛋白质和多种氨基酸、低脂肪、多种维生素等）、食用好处（降血脂、降胆固醇、健脑等）以及食用方法等，并为其提供新鲜、营养、方便、美味的水产品，以唤起他们的购买兴趣、引导消费。

（五）促销

"酒香不怕巷子深"的时代已经过去。成功的促销策略，常常会带来令人意想不到的成功，它是市场营销活动中最为丰富多彩的环节之一。要认真研究黄鳝的市场环境及消费群体、广告受众等因素，精心策划，把钱花在刀刃上。将公共关系、营销推广等促销手段充分利用到黄鳝市场营销过程是十分重要的。在一些养鳝规模较大或消费能力强的地区，可以考虑创办黄鳝专营店、举办黄鳝美食节等。

（六）差异化

黄鳝差异化策略可以理解为针对不同的顾客提供不同品质的黄鳝，这正是黄鳝市场成熟的标志。首先是档次差异化，根据不同黄鳝的规格、品质、产地等划分低、中、高价格在市场上销售。其次做到功能差异化，依据营养、部位、加工等不同划分黄鳝的不同功能，以吸引更多的消费者。在激烈的水产品市场竞争中，品牌可以收到多方面的效果，例如"一只鼎"黄泥螺、"阳澄湖"大闸蟹、鄂州的"武昌鱼"等在水产品的市场销路都不错。然而，由于黄鳝长期以来处于供不应求状态，经营者整体对建立品牌重视不够，大多数养鳝企业品牌意识薄弱，加之品牌建设周期长、成本高。目前，绝大多数上市黄鳝产品都是无品牌经营。随着黄鳝产业的进一步发展，供求关系趋于平衡，黄鳝产业的品牌化运营将提上重要议程。

【经验介绍】

广东新泰乐公司成功打造黄鳝餐饮品牌

在广东餐饮业中，新泰乐绝对称不上翘楚，但是却以自己的特色、品牌和文化占有一席之地。

新泰乐是广州一家民营连锁餐饮企业。该企业通过认真研究，判断黄鳝具有广阔的市场前景和重要的商业价值，通过商业包装、精工制作以及长时间打磨、沉淀和积累，推出了一系列以黄鳝为主要食材的招牌菜式，吸引了一批又一批消费者前来品尝，称得上是车水马龙、门庭若市、生意兴隆。

其实，黄鳝只是一种常见的经济鱼类，该鱼主产于长江中下游地区河网水乡，是当地居民一日三餐的家常菜。新泰乐公司却慧眼独具，独辟蹊径，将其成功打造成该公司的主导产品，在竞争极其激烈的粤菜餐饮业中脱颖而出。

据说，该餐饮企业就是由一家专门制作黄鳝菜式的小作坊、大排档发展起来的。目前，一个分店林立、实力强劲、充满活力且发展势头迅猛的现代水产餐饮企业正在茁壮成长。

成功秘诀：品牌战略

突出特色，以品质为基础，以技术和管理为手段，实施品牌发展战略，提高市场知名度、占有率和核心竞争力，是新泰乐公司经营成功的独家秘诀。

就以该公司名称来说，广州市民只要听到或看到新泰乐三个字，就立刻会想起黄鳝。新泰乐就是品质超群的黄鳝系列菜品的代名词，马上引起某特定人群的消费欲望，这就是商业营销成功的证明。目前，先进的商业营销意识在我国渔业从业人员中还比较稀缺。广东虽然全省到处都是名特优水产品种，却没有多少闻名遐迩、家喻户晓的知名品牌。一业兴则百业旺，假如在实施一乡一品发展战略和一条鱼工程过程中，能够积极扶持一些具有代表性和一定成功潜质的专业户、联合体或渔业产业化龙头企业，下工夫将其牌子打响，将其做大做强，就一定能够辐射带动广东渔业发展壮大。

学习新泰乐的成功经验，以水产养殖业为例，该如何实施名牌发展战略呢？

第一步，从无到有，把无牌子做成有牌子。作为普通水产养殖专业户，提高知名度主要依靠消费者的口碑，顾客是上帝。第一，脚踏实地开展生产经营活动，为消费者提供优质水产品和服务，通过口碑营销给自己做广告、打品牌，实现产品从无名到有名的跨越。

第二步，从新到老，把新牌子做成老牌子。俗话说，打天下容易坐天下难。一旦拥有一定的知名度，便要像爱护自己生命一样爱护产品的知名度和美誉度，日积月累，新品牌成为老品牌。

牌子越老越值钱，越老越吸引人。

第三步，从小到大，把小牌子做成大牌子。假如生产出来的产品，其知名度只局限于所在乡镇，那么只能说明该产品是某乡镇的土特产，假如通过努力，提高产品产量和质量，扩大市场占有率，将知名度扩大到县、市、省乃至港澳地区和东南亚，大品牌蕴藏着大利润，自然而然财源滚滚来。

要实现上述三大跨越，正如"志在云中走，脚在泥中行"，每一步都要脚踏实地，落到实处，取得实效。

附　　录

《无公害食品　渔用药物使用准则》

（摘自中华人民共和国农业行业标准 NY 5071—2002）

1. 范围

本标准规定了渔用药物使用的基本原则、渔用药物的使用方法以及禁用渔药。

本标准适用于水产增养殖中的健康管理及病害控制过程中的渔药使用。

2. 规范性引用文件

下列文件中的条款通过本标准的引用而成为标准的条款。凡是注日期的引用文件，其随后所有的修改单（不包括勘误的内容）或修订版均不适用于本标准，然而，鼓励根据本标准达成协议的各方研究是否可使用这些最新版本。凡是不注日期的引用文件，其最新版本适用于本标准。

《NY 5070 无公害食品　水产品中渔药残留限量》

《NY 5072 无公害食品　渔用配合饲料安全限量》

3. 术语和定义

下列术语和定义适用于本标准。

3.1　渔用药物 fishery drugs

用以预防、控制和治疗水产动植物的病、虫、害，促进养殖品种健康生长，增强机体抗病能力以及改善养殖水体质量的一切物质，简称"渔药"。

3.2　生物源渔药 biogenic fishery medicines

直接利用生物活体或生物代谢过程中产生的具有生物活性的物质或从生物体提取的物质作为防治水产动物病害的渔药。

3.3　渔用生物制品 fishery biopreparate

应用天然或人工改造的微生物、寄生虫、生物毒素或生物组织及其代谢产物为原材料，采用生物学、分子生物学或生物化学等相关技术制成的，用于预防、诊断和治疗水产动物传染病和其他有关疾病的生物制剂。它的效价和安全性应采用生物学方法检定并有严格的可靠性。

3.4　休药期 withdrawal time

最后停止给药日至水产品作为食品上市出售的这段时间。

4. 渔用药物使用基本原则

4.1　渔用药物的使用应以不危害人类健康和不破坏水域生态环境为基本原则。

4.2　水生动植物增养殖过程中对病虫害的防治，坚持"以防为主，防治结合"。

4.3　渔药的使用应严格遵循国家和有关部门的有关规定，严禁生产、销售和使用未经取得生产许可证、批准文号与没有生产执行标准的渔药。

4.4 积极鼓励研制、生产和使用"三效"（高效、速效、长效）、"三小"（毒性小、副作用小、用量小）的渔药，提倡使用水产专用渔药、生物源渔药和渔用生物制品。

4.5 病害发生时应对症用药，防止滥用渔药与盲目增大用药量或增加用药次数、延长用药时间。

4.6 食用鱼上市前，应有相应的休药期。休药期的长短，应确保上市水产品的药物残留限量符合 NY 5070 要求。

4.7 水产饲料中药物的添加应符合 NY 5072 要求，不得选用国家规定禁止使用的药物或添加剂，也不得在饲料中长期添加抗菌药物。

5. 渔用药物使用方法

各类渔用药物使用方法见附表1。

附表 1　　　　　　　　　　渔用药物使用方法

渔药名称	用　途	用法与用量	休药期/天	注意事项
氧化钙（生石灰）	用于改善池塘环境，清除敌害生物及预防部分细菌性鱼病	带水清塘：200～250毫克/升（虾类：350～400毫克/升）全池泼洒：20毫克/升（虾类：15～30毫克/升）		不能与漂白粉、有机氯、重金属盐、有机络合物混用
漂白粉	用于清塘、改善池塘环境及防治细菌性皮肤病、烂鳃病、出血病	带水清塘：20毫克/升全池泼洒：1.0～1.5毫克/升	≥5	1. 勿用金属容器盛装2. 勿与酸、铵盐、生石灰混用

续表 1

渔药名称	用途	用法与用量	休药期/天	注意事项
二氯异氰尿酸钠	用于清塘及防治细菌性皮肤溃疡病、烂鳃病、出血病	全池泼洒：0.3~0.6毫克/升	≥10	勿用金属容器盛装
三氯异氰尿酸	用于清塘及防治细菌性皮肤溃疡病、烂鳃病、出血病	全池泼洒：0.2~0.5毫克/升	≥10	1. 勿用金属容器盛装 2. 针对不同的鱼类和水体的pH，使用量应适当增减
二氧化氯	用于防治细菌性皮肤病、烂鳃病、出血病	浸浴：20~40毫克/升，5~10分钟 全池泼洒：0.1~0.2毫克/升，严重时0.3~0.6毫克/升	≥10	1. 勿用金属容器盛装 2. 勿与其他消毒剂混用
二溴海因	用于防治细菌性和病毒性疾病	全池泼洒：0.2~0.3毫克/升		
氯化钠（食盐）	用于防治细菌、真菌或寄生虫疾病	浸浴：1‰~3‰，5~20分钟		
硫酸铜（蓝矾、胆矾、石胆）	用于治疗纤毛虫、鞭毛虫等寄生性原虫病	浸浴：8毫克/升（海水鱼类：8~10毫克/升），15~30分钟 全池泼洒：0.5~0.7毫克/升（海水鱼类：0.7~1.0毫克/升）		1. 常与硫酸亚铁合用 2. 广东鲂慎用 3. 勿用金属容器盛装 4. 使用后注意池塘增氧 5. 不宜用于治疗小瓜虫病
硫酸亚铁（硫酸低铁、绿矾、青矾）	用于治疗纤毛虫、鞭毛虫等寄生性原虫病	全池泼洒：0.2毫克/升（与硫酸铜合用）		1. 治疗寄生性原虫病时需与硫酸铜合用 2. 乌鳢慎用

续表 2

渔药名称	用　途	用法与用量	休药期/天	注意事项
高锰酸钾（锰酸钾、灰锰氧、锰强灰）	用于杀灭锚头鳋	浸浴：10～20 毫克/升，15～30 分钟 全池泼洒：4～7 毫克/升		1. 水中有机物含量高时药效降低 2. 不宜在强烈阳光下使用
四烷基季铵盐络合碘（季铵盐含量为50%）	对病毒、细菌、纤毛虫、藻类有杀灭作用	全池泼洒：0.3 毫克/升（虾类相同）		1. 勿与碱性物质同时使用 2. 勿与阴性离子表面活性剂混用 3. 使用后注意池塘增氧 4. 勿用金属容器盛装
大蒜	用于防治细菌性肠炎	拌饵投喂：10～30 克/千克体重，连用 4～6 天（海水鱼类相同）		
大蒜素粉（含大蒜素10%）	用于防治细菌性肠炎	0.2 克/千克体重，连用 4～6 天（海水鱼类相同）		
大黄	用于防治细菌性肠炎、烂鳃病	全池泼洒：2.5～4.0 毫克/升（海水鱼类相同） 拌饵投喂：5～10 克/千克体重，连用4～6 天（海水鱼类相同）		投喂时常与黄芩、黄柏合用（三者比例为5：2：3）
黄芩	用于防治细菌性肠炎、烂鳃病、赤皮病、出血病	拌饵投喂：2～4 克/千克体重，连用4～6 天（海水鱼类相同）		投喂时常与大黄、黄柏合用（三者比例为2：5：3）
黄柏	用于防治细菌性肠炎、出血病	拌饵投喂：3～6 克/千克体重，连用4～6 天（海水鱼类相同）		投喂时常与大黄、黄芩合用（三者比例为3：5：2）

续表 3

渔药名称	用　途	用法与用量	休药期/天	注意事项
五倍子	用于防治细菌性烂鳃病、赤皮病、白皮病、疖疮	全池泼洒：2～4毫克/升（海水鱼类相同）		
穿心莲	用于防治细菌性肠炎、烂鳃病、赤皮病	全池泼洒：15～20毫克/升 拌饵投喂：10～20克/千克体重，连用4～6天		
苦参	用于防治细菌性肠炎、竖鳞	全池泼洒：1.0～1.5毫克/升 拌饵投喂：1～2克/千克体重，连用4～6天		
土霉素	用于治疗肠炎病、弧菌病	拌饵投喂：50～80克/千克体重，连用4～6天（海水鱼类相同，虾类：50～80毫克/千克体重，连用5～10天）	≥30（鳗鲡）≥21（鲇鱼）	勿与铝、镁离子及卤素、碳酸氢钠、凝胶合用
噁喹酸	用于治疗细菌性肠炎病、赤鳍病、对虾弧菌病、鲈鱼结节病、鲱鱼疖疮病	拌饵投喂：10～30毫克/千克体重，连用5～7天（海水鱼类1～20毫克/千克体重；对虾：6～60毫克/千克体重，连用5天）	≥25（鳗鲡）≥21（鲤鱼、香鱼）≥16（其他鱼类）	用药量视不同的疾病有所增减
磺胺嘧啶（磺胺哒嗪）	用于治疗鲤科鱼类的赤皮病、肠炎病、海水鱼链球菌病	拌饵投喂：100毫克/千克体重，连用5天（海水鱼类相同）		1. 与甲氧苄氨嘧啶（TMP）同用，可产生增效作用 2. 第一天药量加倍

续表4

渔药名称	用途	用法与用量	休药期/天	注意事项
磺胺甲噁唑（新诺明、新明磺）	用于治疗鲤科鱼类的肠炎病	拌饵投喂：100 毫克/千克体重，连用 5~7 天		1. 不能与酸性药物同用 2. 与甲氧苄氨嘧啶（TMP）同用，可产生增效作用 3. 第一天药量加倍
磺胺间甲氧嘧啶（制菌磺、磺胺-6-甲氧嘧啶）	用于治疗鲤科鱼类的竖鳞病、赤皮病及弧菌病	拌饵投喂：50~100 毫克/千克体重，连用 4~6 天	≥37（鳗鲡）	1. 与甲氧苄氨嘧啶（TMP）同用，可产生增效作用 2. 第一天药量加倍
氟苯尼考	用于治疗鳗鲡爱德华病、赤鳍病	拌饵投喂：10.0 毫克/千克体重，连用 4~6 天	≥7（鳗鲡）	
聚维酮碘（聚乙烯吡咯烷酮碘、皮维碘、PVP-1、伏碘）（有效碘1.0%）	用于防治细菌性烂鳃病、弧菌病、鳗鲡红头病。并可用于预防病毒病：如草鱼出血病、传染性胰腺坏死病、传染性造血组织坏死病、病毒性出血败血症	全池泼洒：海、淡水幼鱼，幼虾：0.2~0.5 毫克/升海、淡水成鱼，成虾：1~2 毫克/升 鳗鲡：2~4 毫克/升 浸浴：草鱼种：30 毫克/升，15~20 分钟 鱼卵：30~50 毫克/升（海水鱼卵 25~30 毫克/升）5~15 分钟		1. 勿与金属物品接触 2. 勿与季铵盐类消毒剂直接混合使用

注：1. 用法与用量栏未标明海水鱼类与虾类的均适用于淡水鱼类。

2. 休药期为强制性。

6. 禁用渔药

　　严禁使用高毒、高残留或具有三致毒性（致癌、致畸、致突变）的渔药。严禁使用对水域环境有严重破坏而又难以修复的渔药，严禁直接向养殖水域泼洒抗生素，严禁将新近开发的人用新药作为渔药的主要或次要成分。禁用渔药见附表2。

附表 2　　　　　　　　　　禁用渔药

药物名称	化学名称（组成）	别　　名
地虫硫磷	O-2基-S苯基二硫代磷酸乙酯	大风雷
六六六	1,2,3,4,5,6-六氯环乙烷	
林丹	γ-1,2,3,4,5,6-六氯环乙烷	丙体六六六
毒杀芬	八氯莰烯	氯化莰烯
滴滴涕	2,2-双（对氯苯基）-1,1,1-三氯乙烷	
甘汞	二氯化汞	
硝酸亚汞	硝酸亚汞	
醋酸汞	醋酸汞	
呋喃丹	2,3-氢-2,二甲基-7-苯并呋喃-甲基氨基甲酸酯	克百威、大扶农
杀虫脒	N'-（二甲基-4-氯苯基）-N,N-二甲基甲脒	克死螨
双甲脒	1,5-双-(2,4-二甲基苯基)-3-甲基1,3,5-三氮戊二烯-1,4	二甲苯胺脒

续表 1

药物名称	化学名称（组成）	别　名
氟氯氰菊酯	α-氰基-3-苯氧基（1R，3R）-3-（2，2-二氯乙烯基）-2，2-甲基环丙烷羧酸酯	百树菊酯、百树得
氟氯戊菊酯	（R，S）-α-氰基-3-苯氧苄基-（R，S）-2-（4-二氟甲氧基）-3-甲基丁酸酯	保好江乌、氟氰菊酯
五氯酚钠 PCP-Na	五氯酚钠	
孔雀石绿	$C_{23}H_{25}ClN_2$	碱性绿、盐基块绿、孔雀绿
锥虫胂胺		
酒石酸锑钾	酒石酸锑钾	
磺胺噻唑	2-（对氨基苯碘酰胺）-噻唑	消治龙
磺胺脒	N_1-脒基磺胺	磺胺胍
呋喃西林	5-硝基呋喃醛缩氨基脲	呋喃新
呋喃唑酮	3-（5-硝基糠叉氨基）-2-噁唑烷酮	痢特灵
呋喃那斯	6-羟甲基-2-［5-硝基-2-呋喃基乙烯基］吡啶	P-7138（实验名）
氯霉素（包括其盐、酯及制剂）	由委内瑞拉链霉素生产或合成法制成	
红霉素	属微生物合成，是 Streptomyces eyythreus 生产的抗生素	
杆菌肽锌	由枯草杆菌 Bacillus subtilis 或 B. leicheniformis 所产生的抗生素，为一含有噻唑环的多肽化合物	枯草菌肽

续表 2

药物名称	化学名称（组成）	别　　名
泰乐菌素	S. fradiae 所产生的抗生素	
环丙沙星	为合成的第三代喹诺酮类抗菌药，常用盐酸盐水合成	环丙氟哌酸
阿伏帕星		阿伏霉素
喹乙醇	喹乙醇	喹酰胺醇羟乙喹氧
速达肥	5-苯硫基-2-苯并咪唑	苯硫哒唑氨甲基甲酯
乙烯雌酚（包括雌二醇等其他类似合成等雌性激素）	人工合成的非自甾体雌激素	乙烯雌酚，人造求偶素
甲基睾丸酮（包括丙酸睾丸素、去氢甲睾酮以及同化物等雄性激素）	睾丸素 C_{17} 的甲基衍生物	甲睾酮，甲基睾酮

参考文献

[1] 李瑾，张世萍，唐勇，等.不同饵料对幼鳝消化系统内淀粉酶活性的影响 [J].饲料工业，2002（12）.

[2] 张世萍，张秀杰，王明学，等.黄鳝摄食蚊幼虫的研究 [J].水生生物学报，2002（05）.

[3] 丁斌鹰，崔冬霞，李智勇.猪肝和蚯蚓对黄鳝诱食效果的研究 [J].中国饲料，2002（13）.

[4] 杨代勤，严安生，陈芳.几种氨基酸及香味物质对黄鳝诱食活性的初步研究 [J].水生生物学报，2002（02）.

[5] 李瑾，何瑞国，张世萍，等.黄鳝幼鱼饲料蛋白源氨基酸平衡的研究 [J].饲料广角，2001（22）.

[6] 李瑾，何瑞国，张世萍，等.不同饲料蛋白源对幼鳝生长和饲料利用的影响初探 [J].饲料工业，2001（08）.

[7] 滕道明.环境因子对黄鳝性逆转的影响 [J].内陆水产，2001（02）.

[8] 杨代勤，陈芳，李道霞，等. 黄鳝的营养素需要量及饲料最适能量蛋白比 [J].水产学报，2000（03）.

[9] 邹记兴.黄鳝性逆转与血清蛋白关系的分析 [J].水利渔业，2000（01）.

[10] 范家佑，张小雪，蔡惠芬，等.黄鳝性逆转与血清蛋白关系的探讨 [J].水利渔业，1999（04）.

[11] 陈全震，高爱根.黄鳝养殖生物学的研究进展 [J].水产科技情报，1999（03）.

[12] 杨代勤，陈芳，李道霞，等.黄鳝的胚胎发育及鱼苗培育 [J].湖北农学院学报，1999 (02).

[13] 陈慧.黄鳝的年龄鉴定和生长 [J].水产学报，1998 (04).

[14] 杨代勤，陈芳，李道霞，等.黄鳝食性的初步研究 [J].水生生物学报，1997 (01).

[15] 肖亚梅，刘筠.黄鳝由间性发育转变为雄性发育的细胞生物学研究 [J].水产学报，1995 (04).

[16] 杨代勤，陈芳，刘百韬，等.黄鳝产卵类型及繁殖力的研究 [J].湖北农学院学报，1994 (03).

[17] 宋平，李建宏，贾熙华.黄鳝性逆转与性腺蛋白关系的分析 [J].动物学杂志，1994 (01).

[18] 陈卫星，曹克驹.黄鳝分批产卵模式的研究 [J].水利渔业，1993 (04).

[19] 杨代勤，陈芳，李道霞，等.黄鳝生长特性的初步研究 [J].湖北农学院学报，1993 (03).

[20] 杨明生.黄鳝年龄和生长的研究 [J].淡水渔业，1993 (01).

[21] 刘修业，崔同昌，王良臣，等.黄鳝性逆转时生殖腺的组织学与超微结构的变化 [J].水生生物学报，1990 (02).

[22] 曹克驹，舒妙安，董惠芬.黄鳝个体生殖力与第一批产卵量的研究 [J].水产科学，1988 (03).

[23] 徐宏发，朱大军.黄鳝的生殖习性和人工繁殖 [J].水产科技情报，1987 (06).

[24] 王春华.黄鳝制品的科学加工法 [J].渔业致富指南，2008 (08).

[25] 李桂芬，韩向敏.黄鳝的几种加工工艺 [J].内陆水产，2004 (10).

[26] 成春到.冻鳝片加工技术 [J].农村新技术，2009 (18).

[27] 陈泽.速冻鳝片的加工技术 [J].四川食品与发酵，1995 (01).

[28] 钟淼.出口冻鳝片的加工 [J].农村实用技术与信息，1995（09）.

[29] 林南.出口冻鳝片的加工 [J].农村实用科技信息，1995（06）.

[30] 谭振.出口冻鳝片的加工 [J].河南农业，1995（01）.

[31] 林易，陆露.冻鳝片的加工技术 [J].渔业致富指南，2006（02）.

[32] 王兴礼，李瑞芳.红烧鳝鱼软罐头的加工技术 [J].中国水产，1998（04）.

[33] 吴仕根.黄鳝网箱健康养殖技术 [J].渔业致富指南，2011（02）.

[34] 焦子珍.网箱养殖黄鳝的技术要点 [J].渔业致富指南，2011（02）.

[35] 周羽英，张华东.规范化网箱养殖黄鳝新技术 [J].渔业致富指南，2011（02）.

[36] 朱广凯.黄鳝越冬及早春管理 [J].农家顾问，2011（01）.

[37] 何顺昌，李茹芬，侯家有，等.黄鳝精养高产技术 [J].科学养鱼，2011（01）.

[38] 薛圣梅.浅谈黄鳝养殖的关键技术措施 [J].安徽农学通报（下半月刊），2011（02）.

[39] 王春华.塑料大棚周年连续高产养殖黄鳝技术 [J].农村百事通，2011（03）.

[40] 刘金丽.稻田养殖黄鳝的技术要点 [J].现代农业，2011（05）.

[41] 王声瑜.人工养殖黄鳝的关键技术 [J].特种经济动植物，2001（07）.

[42] 胡宝林，陈海光.人工养殖黄鳝失败的原因及对策 [J].内陆水产，2005（02）.

[43] 杨明生.人工养殖黄鳝疾病的初步研究 [J].淡水渔业，1997（01）.

[44] 胡宁.人工养殖黄鳝有"钱"图 [J].农机具之友，1997（04）.

[45] 周天元.黄鳝的营养价值及人工养殖 [J].河北渔业，1994（05）.

［46］ 张晓丹.黄鳝养殖技术之四　野生黄鳝苗种的筛选方法［J］.中国水产，2006（05）.

［47］ 范拾根.四分稻田养黄鳝　纯收超过壹仟元——南昌县泾口乡李水芳人工养殖黄鳝的经验［J］.江西农业科技，1985（01）.

［48］ 张晓丹.野生黄鳝苗种的筛选方法［J］.农家顾问，2006（08）.

［49］ 简真华.黄鳝养殖的市场前景［J］.农家科技，2010（11）.

［50］ 徐兴川，王权.黄鳝健康养殖实用新技术［M］.北京：中国农业出版社，2006.

［51］ 马达文.黄鳝、泥鳅高效生态养殖技术［M］.北京：海洋出版社，2010.

图书在版编目（CIP）数据

黄鳝生态养殖 / 王冬武等主编. -- 修订本. -- 长沙:湖南科学技术出版社，2019.9（2021.8重印）

ISBN 978-7-5710-0181-0

Ⅰ. ①黄… Ⅱ. ①王… Ⅲ. ①黄鳝属—淡水养殖Ⅳ. ①S966.4

中国版本图书馆CIP数据核字(2019)第087977号

黄鳝生态养殖 修订版

主　　编：王冬武　邹　利　刘　丽
责任编辑：李　丹
出版发行：湖南科学技术出版社
社　　址：长沙市湘雅路276号
　　　　　http://www.hnstp.com
印　　刷：长沙德三印刷有限公司
　　　　　（印装质量问题请直接与本厂联系）
厂　　址：湖南省宁乡市夏铎铺镇六度庵村十八组（湖南亮之星酒业有限公司内）
邮　　编：410604
版　　次：2019年9月第1版
印　　次：2021年8月第3次印刷
开　　本：889mm×1194mm　1/32
印　　张：9.125
字　　数：210000
书　　号：ISBN 978-7-5710-0181-0
定　　价：28.00元